L'ARMEMENT

ET LE

TIR DE L'INFANTERIE

Paris. — Imprimerie de J. DUMAINE, rue Christine, 2.

L'ARMEMENT

ET LE

TIR DE L'INFANTERIE

PAR

J. CAPDEVIELLE

LIEUTENANT-COLONEL AU 33e D'INFANTERIE

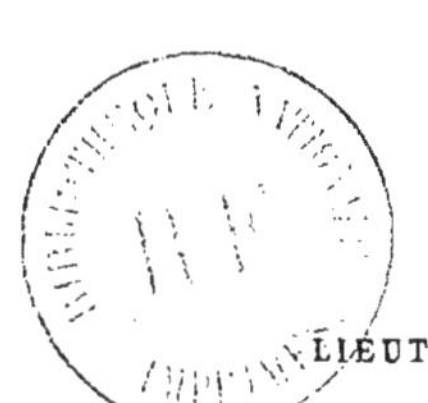

PLANCHES ET TABLEAUX.

PARIS

LIBRAIRIE MILITAIRE DE J. DUMAINE

LIBRAIRE-ÉDITEUR

30, Rue et Passage Dauphine, 30

1872

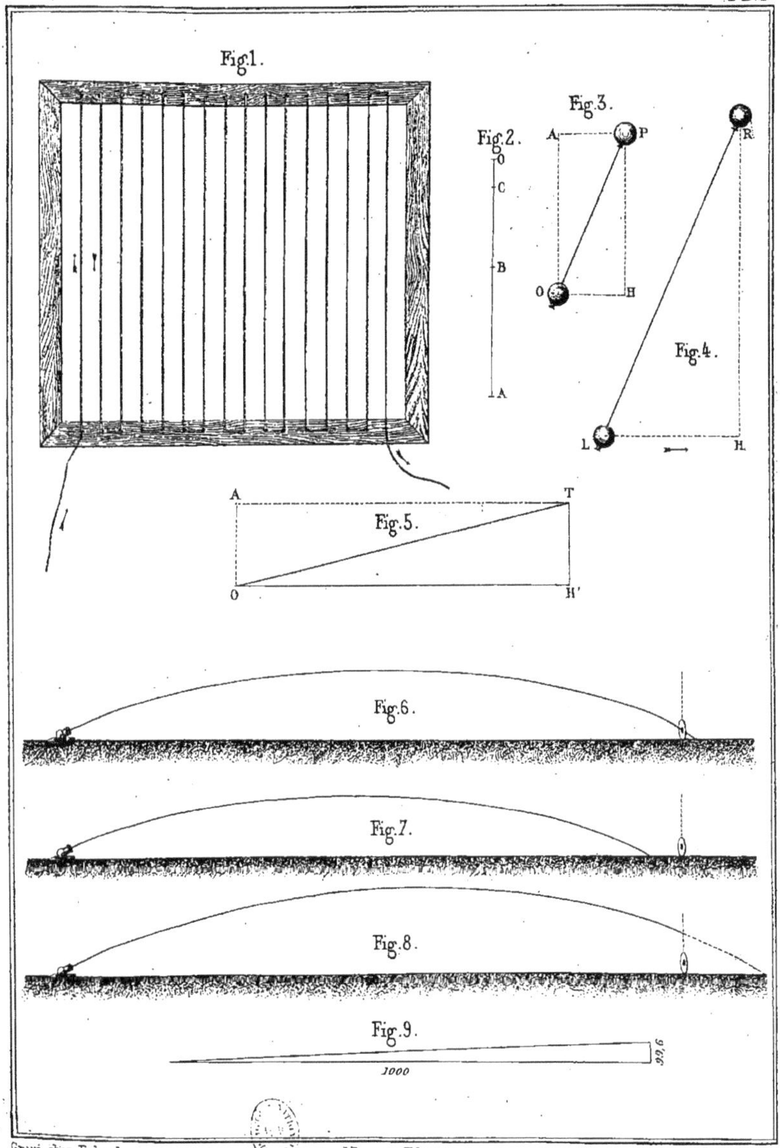

Fig. 1.

Fig. 2.

O
C
B
A

Fig. 3.

A P
O H

Fig. 4.

R
L H

Fig. 5.

A T
O H'

Fig. 6.

Fig. 7.

Fig. 8.

Fig. 9.

99,6
1000

Gravé chez Erhard. J. Dumaine, Éditeur. Imp. Monrocq.

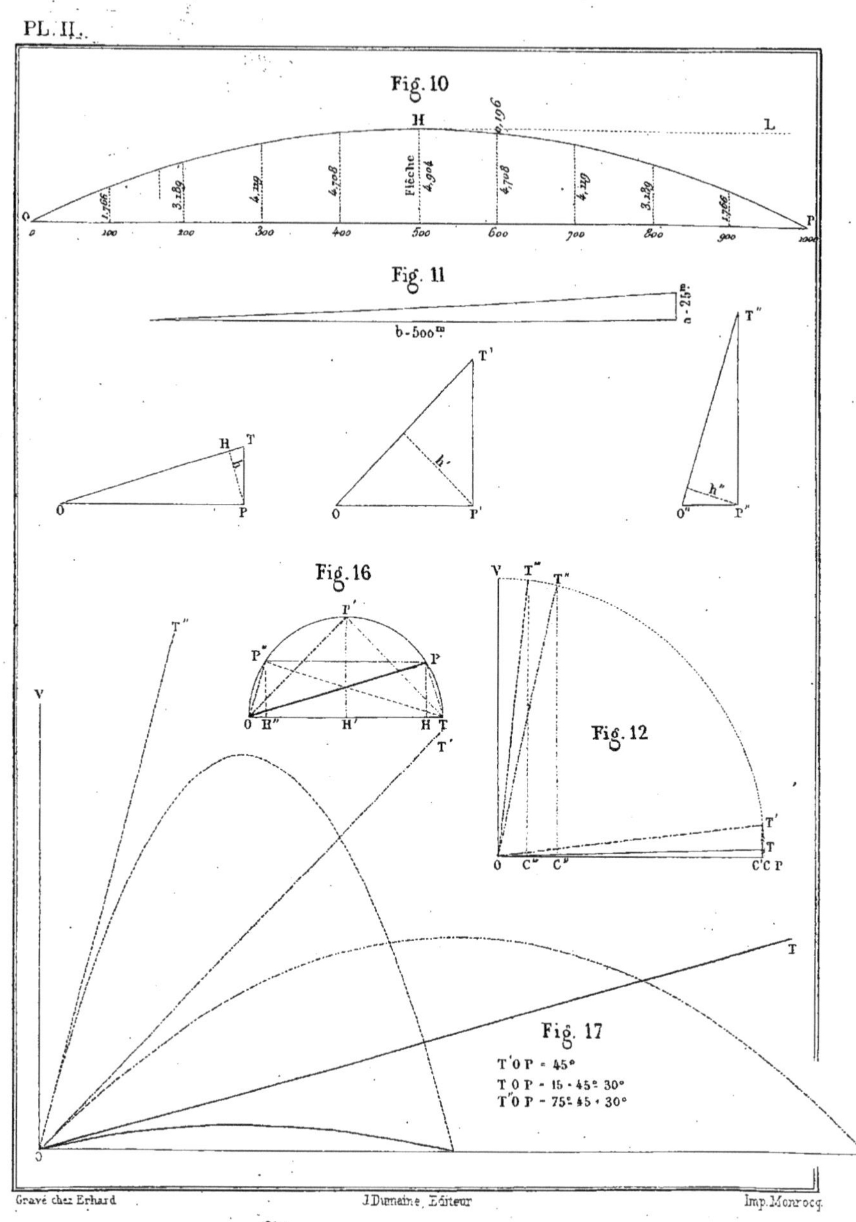
PL. II.
Fig. 10
H
L
0,196
Flèche 4,904
1,766
3,189
4,219
4,708
4,708
4,219
3,189
1,766
O
P
0
100
200
300
400
500
600
700
800
900
1000
Fig. 11
b = 500m
a = 25m
H
T
h
O
P
T'
h'
O
P'
T''
h''
O''
P''
Fig. 16
T'
P''
P
O
H''
H'
H
T
Fig. 12
V
T'''
T''
T'
T
O
C''
C'''
C'C
P
Fig. 17
T''
V
T'
T
O
P
T'OP = 45°
TOP = 15 = 45° 30°
T''OP = 75° 45 + 30°
Gravé chez Erhard
J. Dumaine, Editeur
Imp. Monrocq

PL. III

Fig. 18

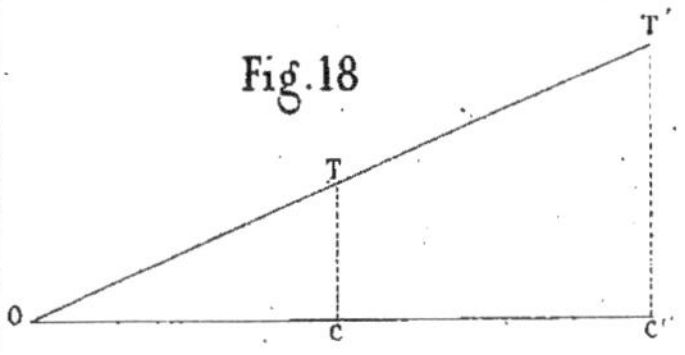

Fig. 19

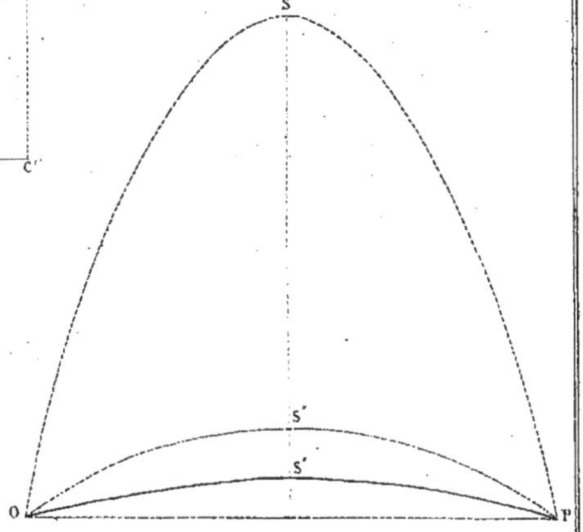

Fig. 20

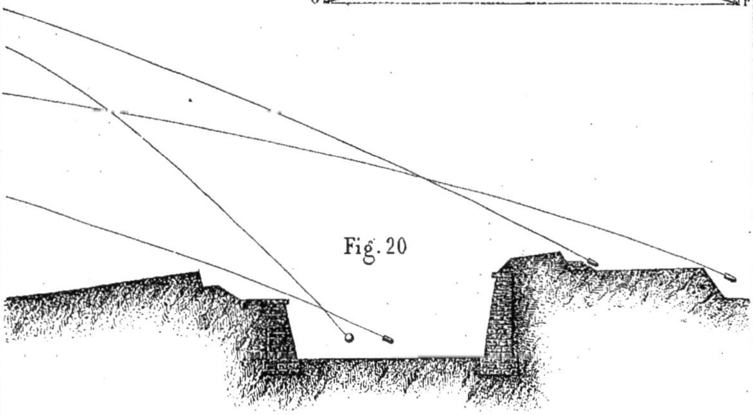

Fig. 21

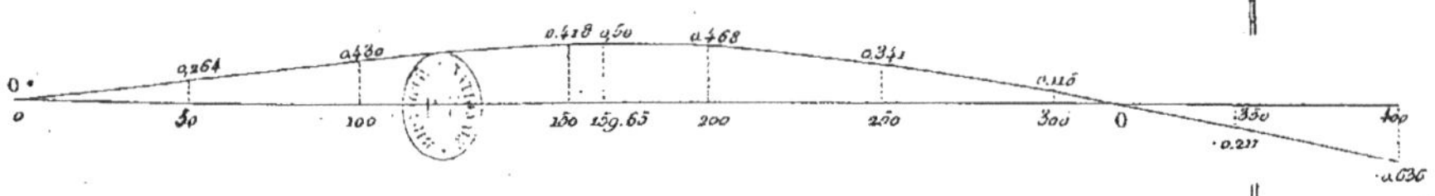

Gravé chez Erhard J. Dumaine Éditeur. Imp. Monrocq.

Pl. IV.

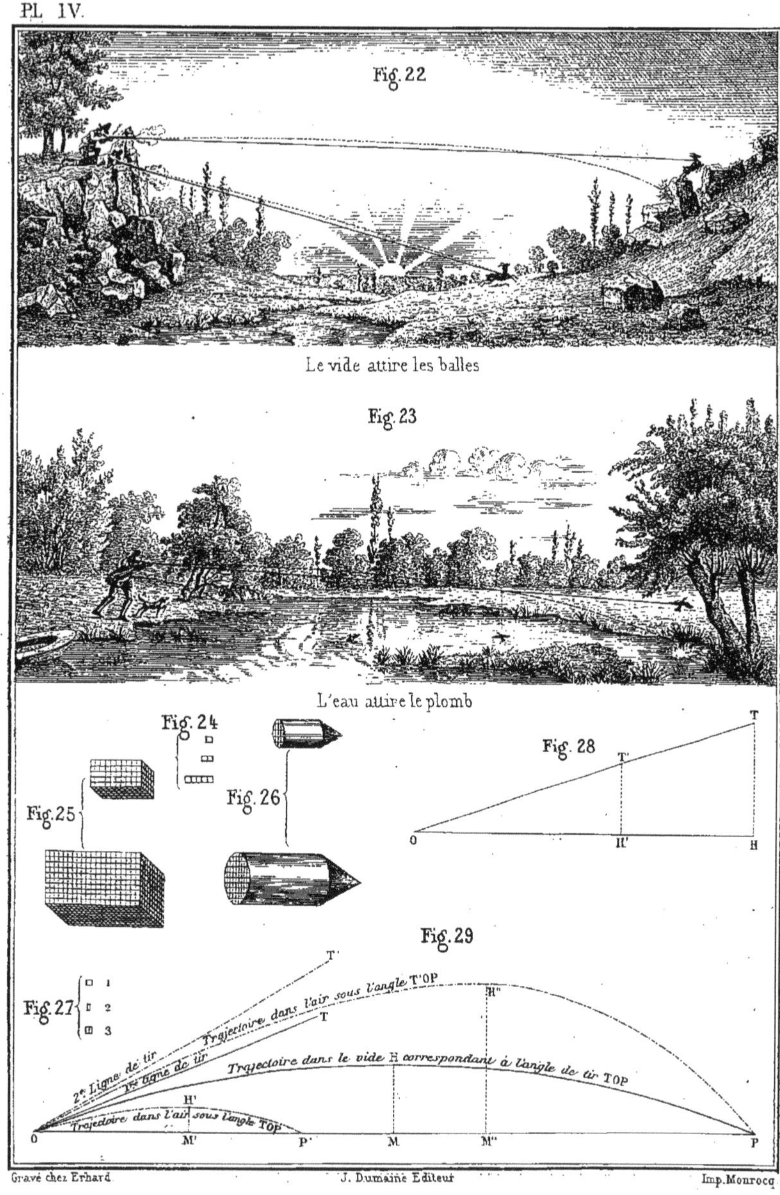

Le vide attire les balles

L'eau attire le plomb

Gravé chez Erhard. J. Dumaine Éditeur Imp. Monrocq.

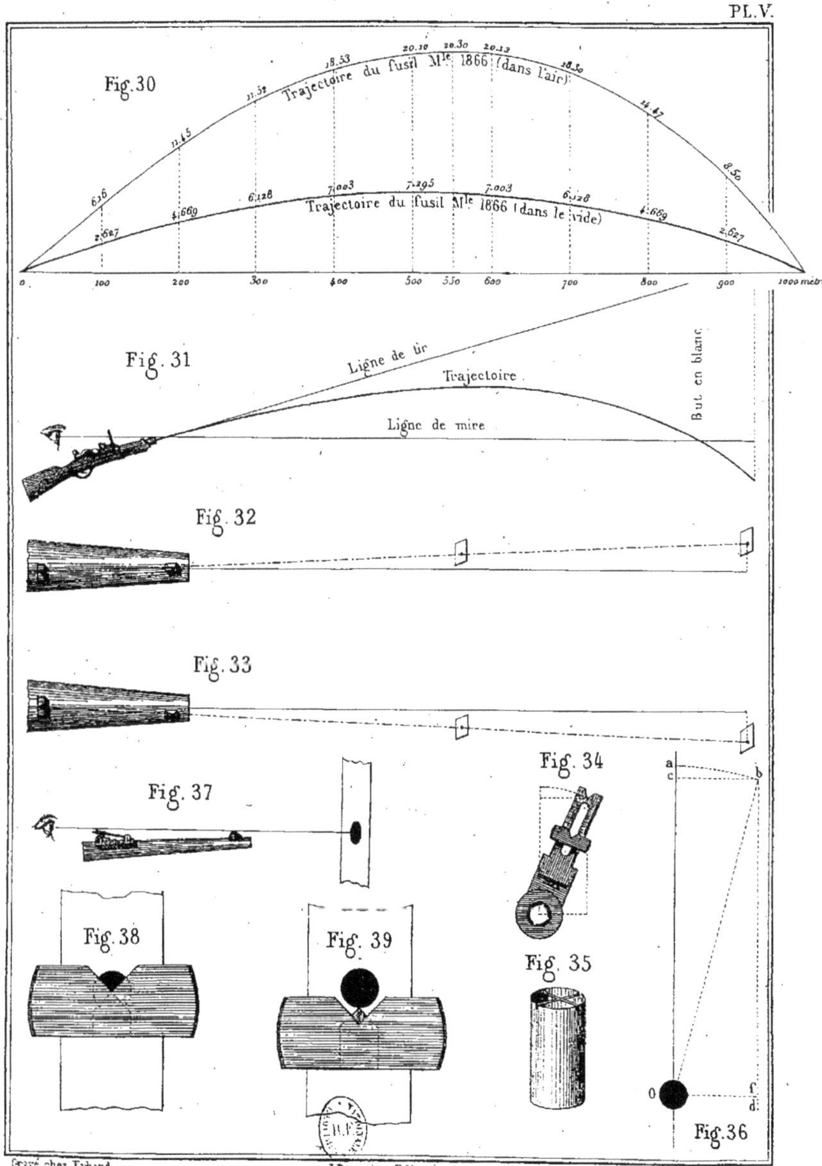

Gravé chez Erhard. J. Dumaine, Editeur. Imp. Monrocq

PL. VI.

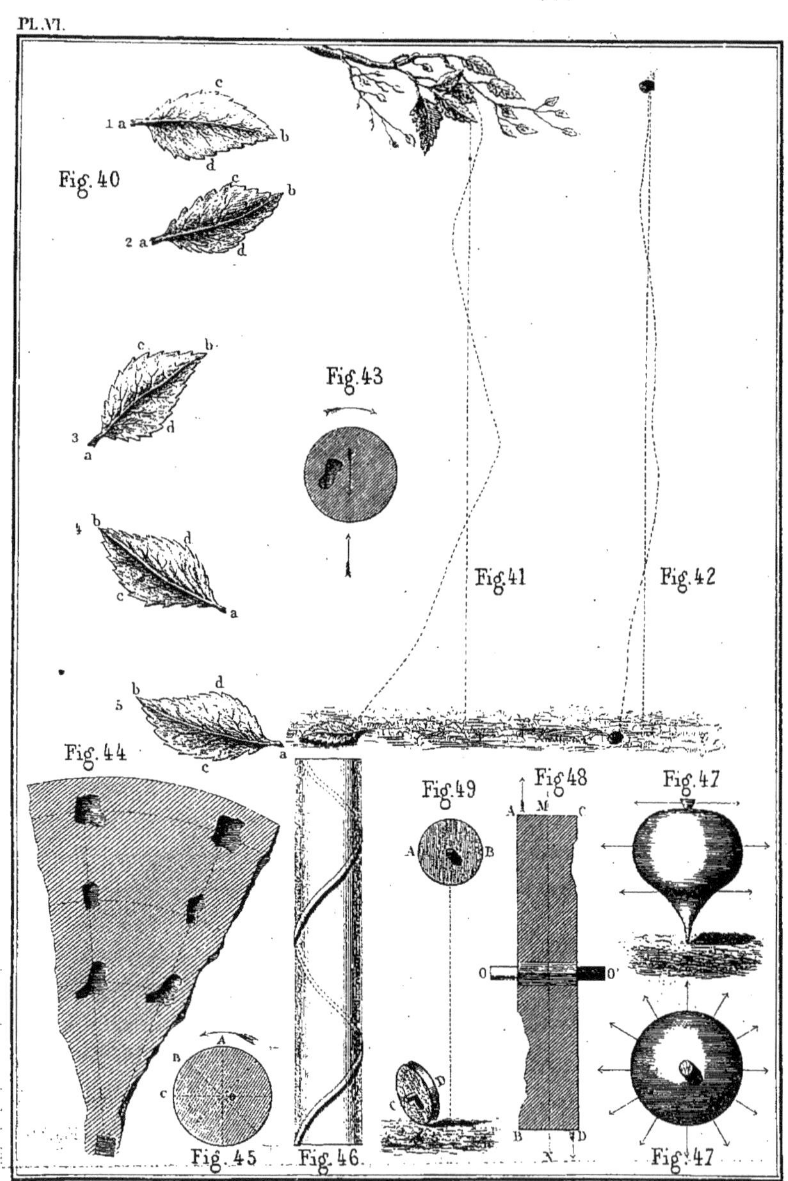

Gravé chez Erhard. J. Dumaine Editeur Imp. Monrocq.

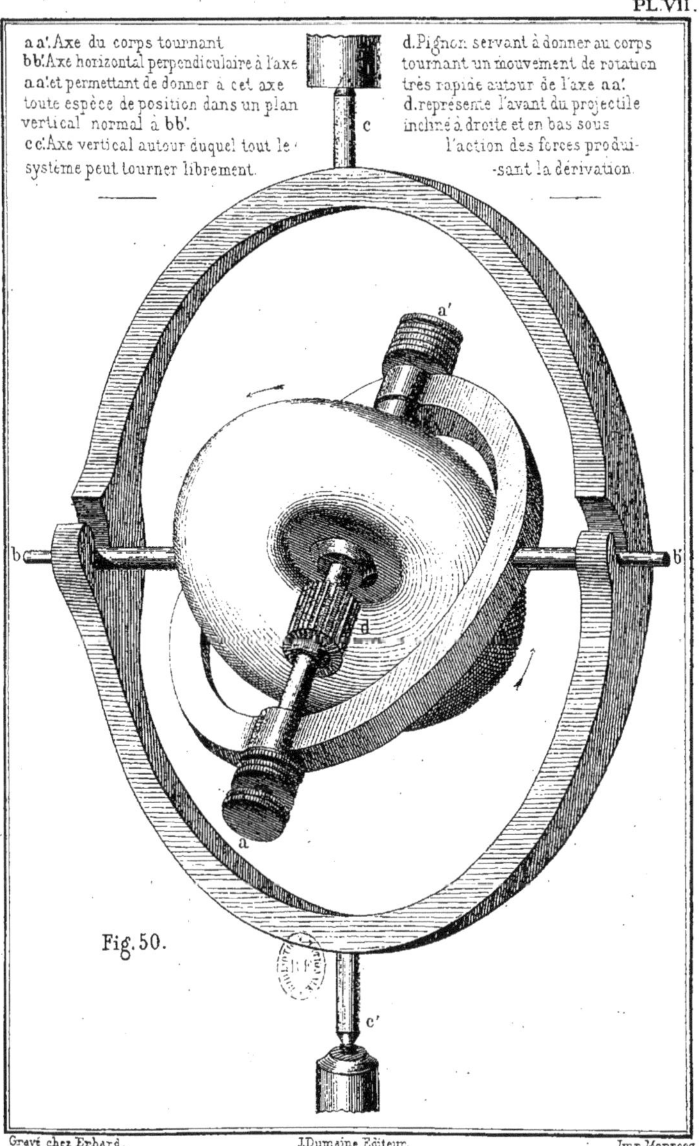

Fig. 50.

Gravé chez Erhard. J. Dumaine, Editeur. Imp. Monrocq.

PL. VIII.

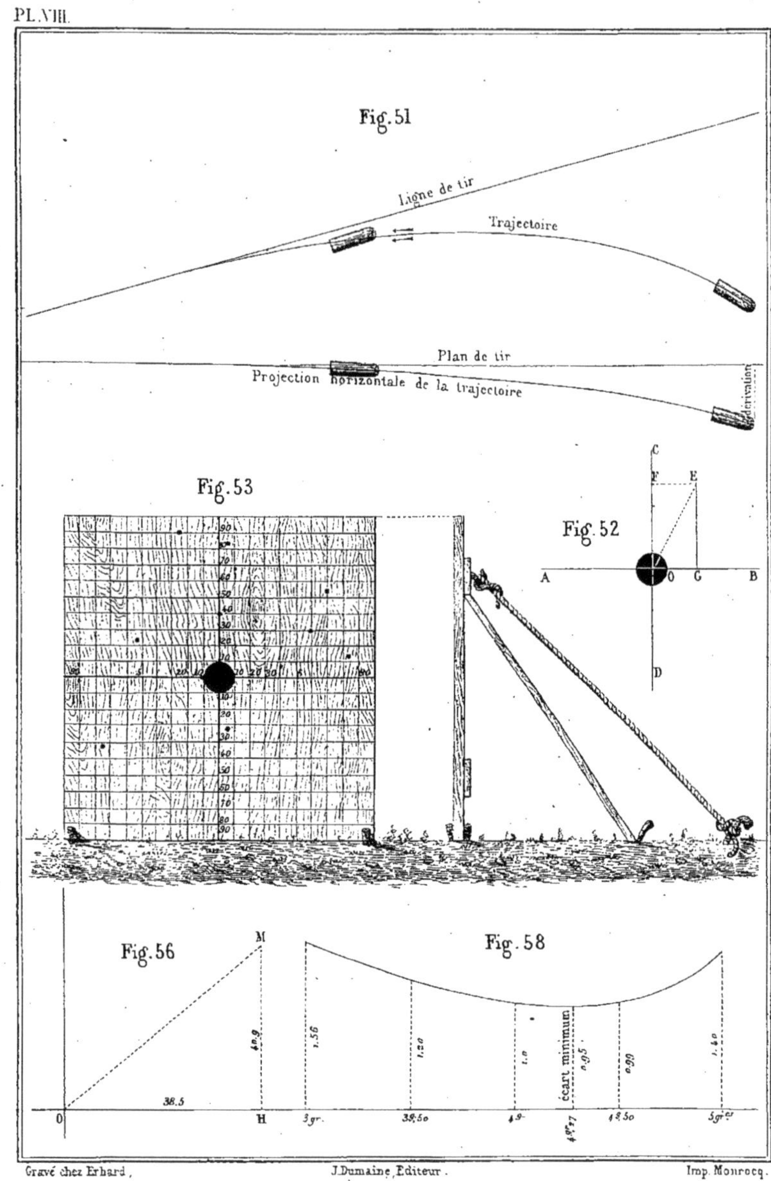

Gravé chez Erhard. J. Dumaine, Editeur. Imp. Monrocq.

ESSAI D'UNE CARABINE DU SYSTÈME X.

Tir à 600 mètres

17 Décembre 1869. (Temps sombre et froid. Vent faible d'arrière.)

Tir sur appui à 600ᵐ

Mʳ Capitaine Tireur

Fusil N° 8 (Calibre de 11ᵐᵐ)

Balle à bourrelet

Calibre de la balle { Cylindre 10.9 / Bourrelet 11.4 }

Poids de la balle { Balle 24 gr 25 / Charge 5 gr 50 }

Cote du point moyen { Verticale 26ᶜ.75 / Horizontale 6.1 }

P % dans la cible réglementaire 100

Ecart { Vertical moyen 0ᵐ.408 / Horizontal moyen 0.375 / Absolu moyen 0.642 }

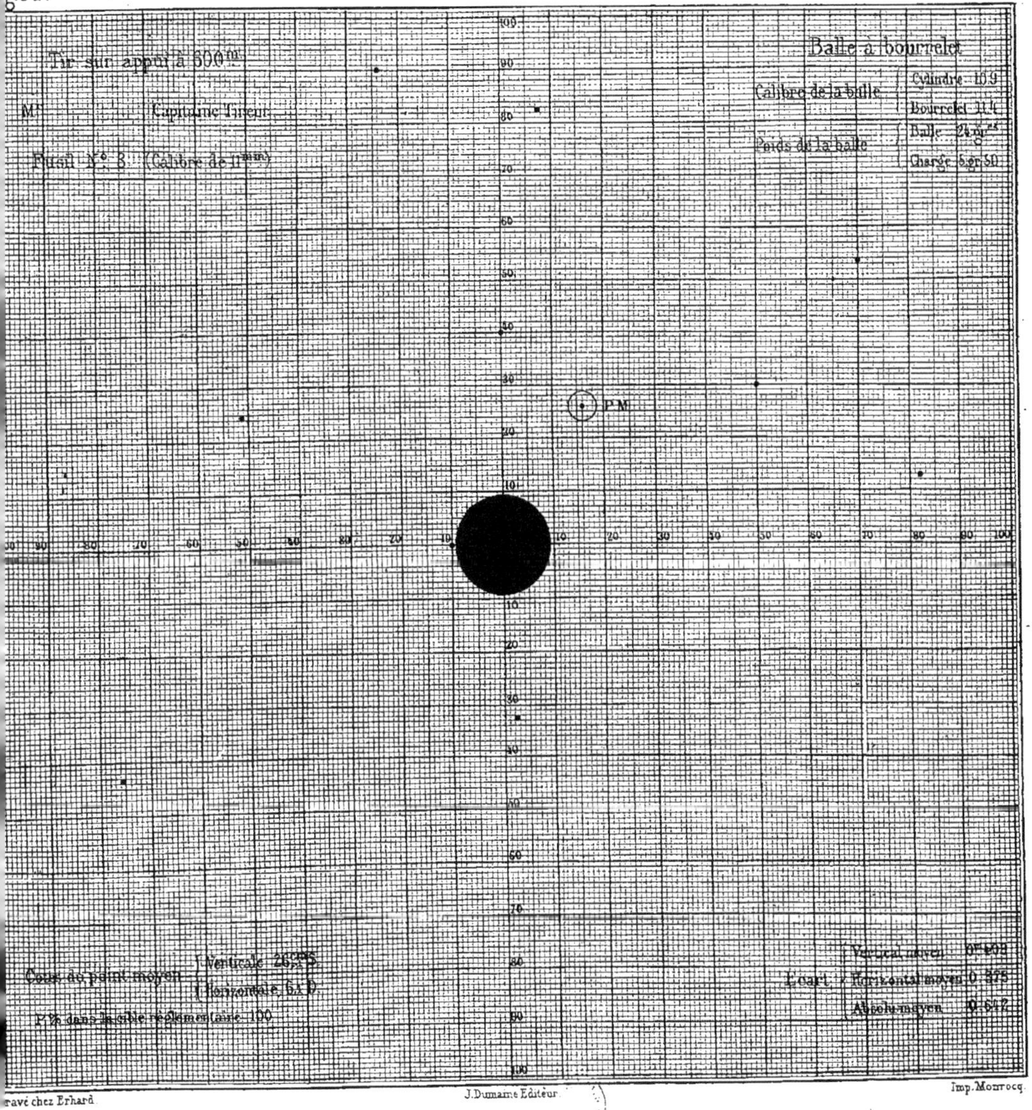

ravé chez Erhard

J. Dumaine Éditeur

Imp. Monrocq.

PL.X.

EXPÉRIENCES

Ayant pour objet la détermination d'une balle estampée par compression pour le fusil rayé d'Infanterie.

Fig.55. 3 Mars 1870 (Vent très fort de droite)

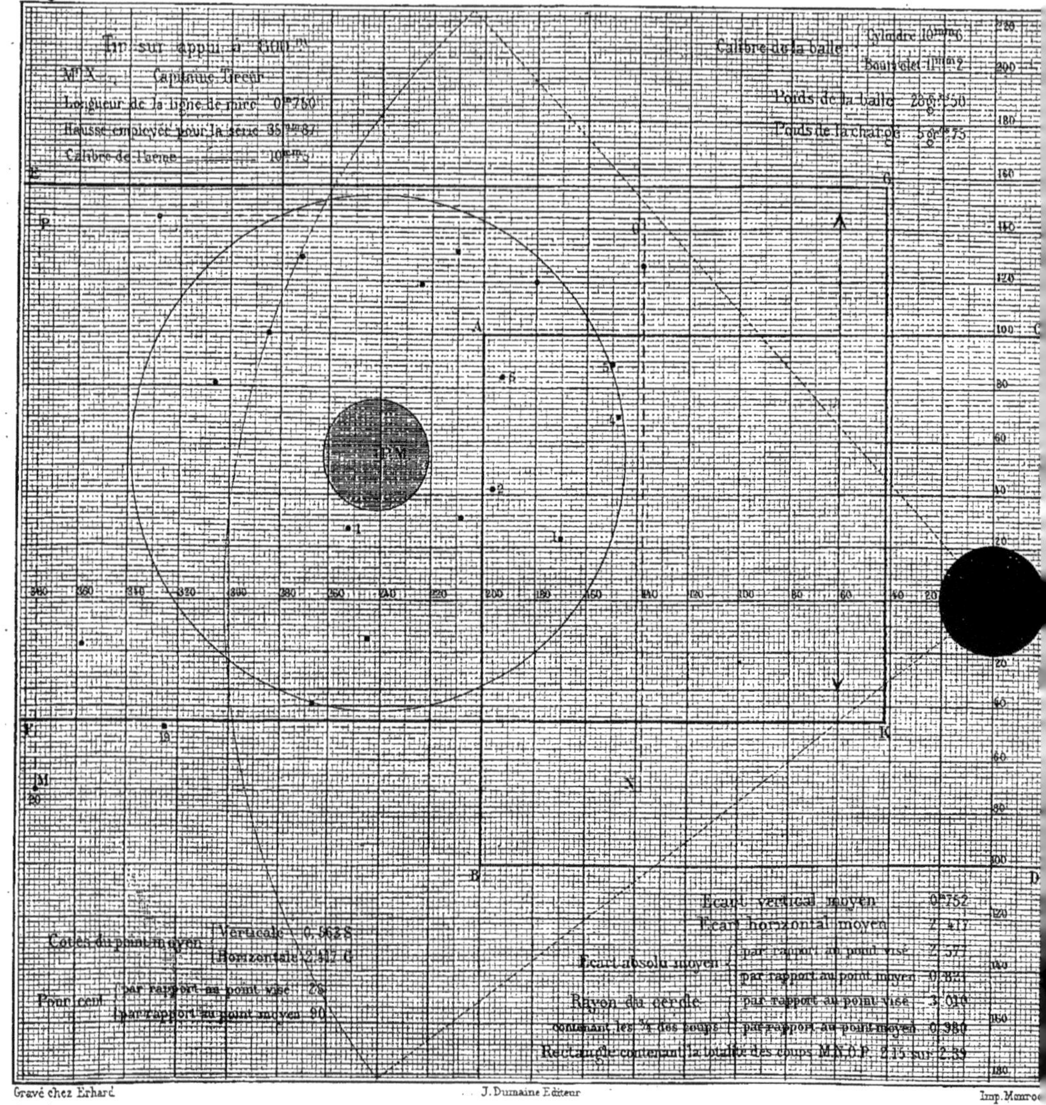

Gravé chez Erhard J. Dumaine Editeur Imp. Monrocq

COURBES REPRÉSENTATIVES DE LA PORTÉE ET DE LA JUSTESSE.

Fig. 57.

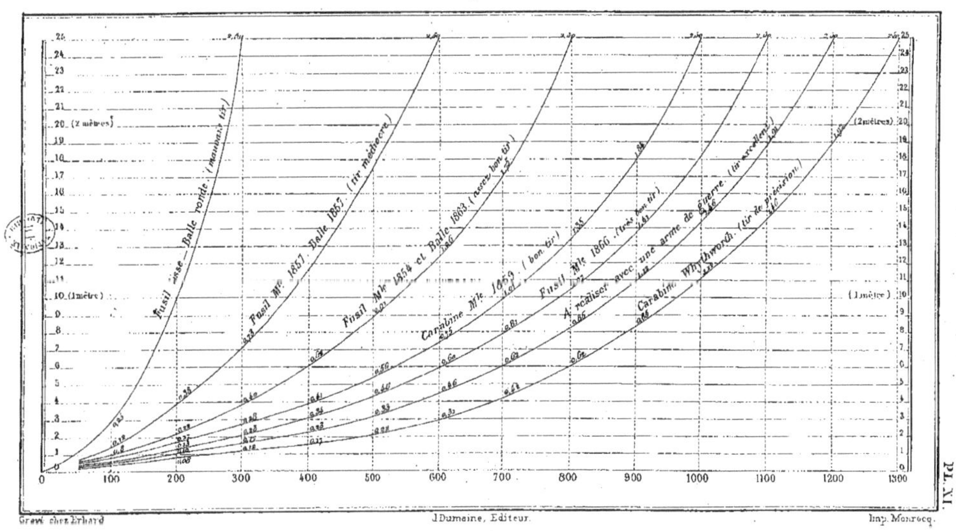

Gravé chez Erhard — J. Dumaine, Éditeur — Imp. Monrocq.

PL. XI.

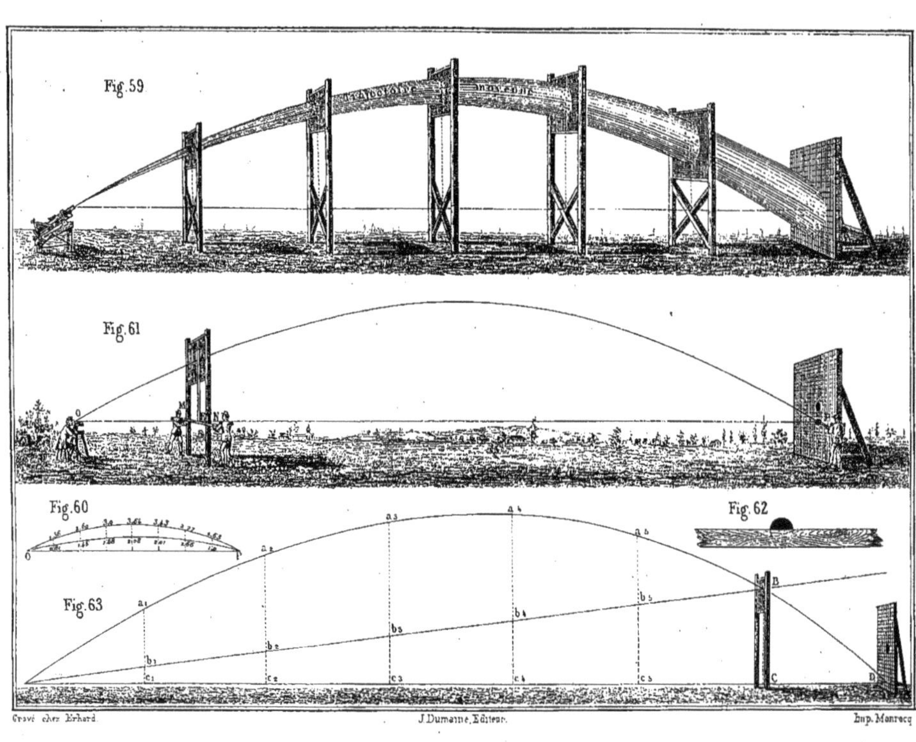

Gravé chez Erhard. J. Dumaine, Editeur. Imp. Monrocq

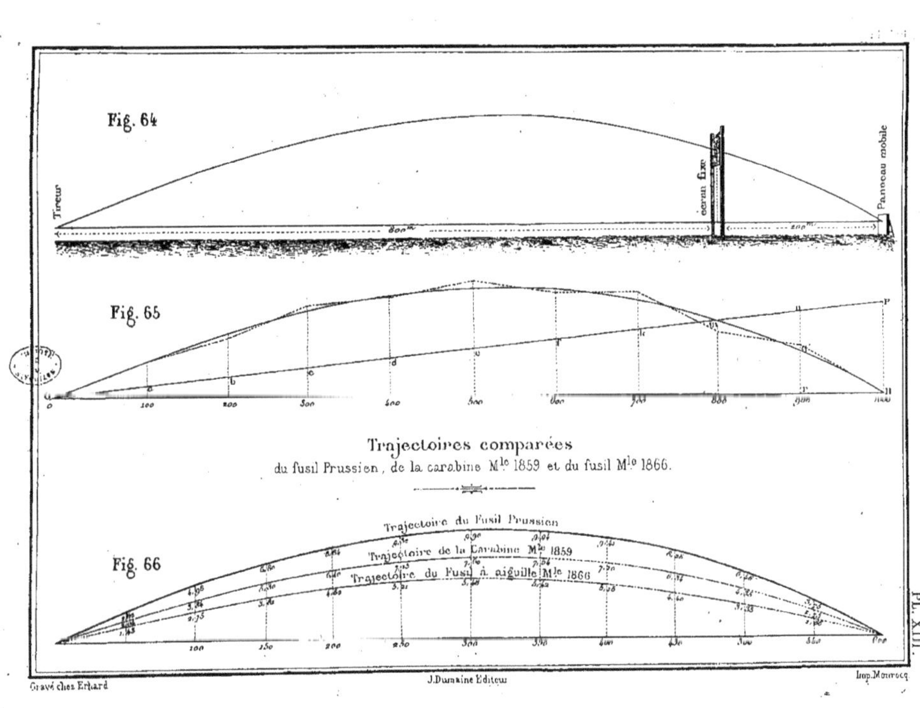
Fig. 64
Tireur
écran fixe
Panneau mobile
800m
200m
Fig. 65
Trajectoires comparées
du fusil Prussien, de la carabine Mle 1859 et du fusil Mle 1866.
Fig. 66
Trajectoire du Fusil Prussien
Trajectoire de la Carabine Mle 1859
Trajectoire du Fusil à aiguille Mle 1866
Gravé chez Erhard
J. Dumaine Editeur
Imp. Monrocq
PL. XIII.

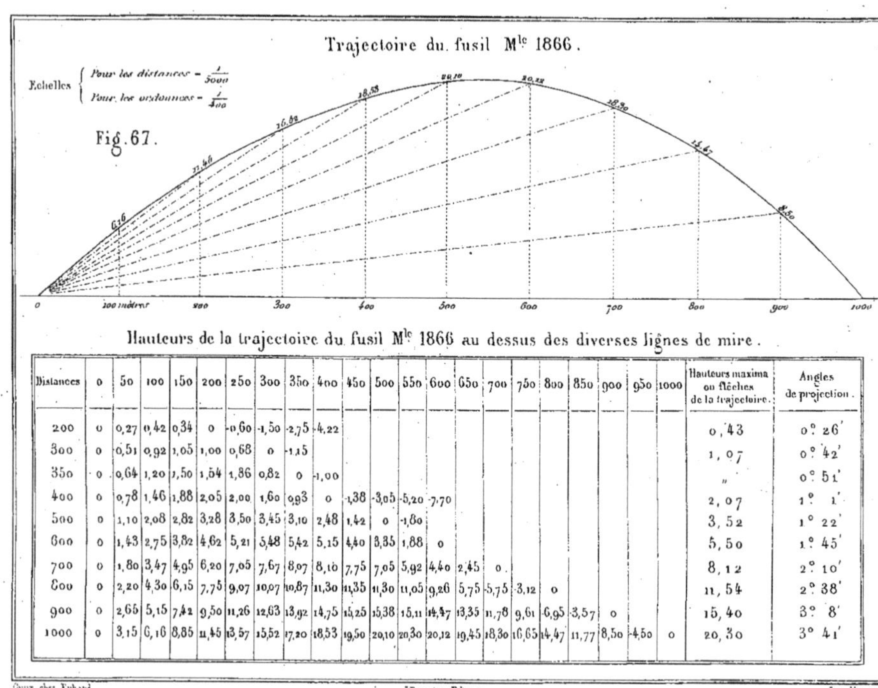

Hauteurs de la trajectoire du fusil Mle 1866 au dessus des diverses lignes de mire.

Distances	0	50	100	150	200	250	300	350	400	450	500	550	600	650	700	750	800	850	900	950	1000	Hauteurs maxima ou flèches de la trajectoire.	Angles de projection.
200	0	0,27	0,42	0,34	0	-0,60	-1,50	-2,75	-4,22													0,43	0° 26'
300	0	0,51	0,92	1,05	1,00	0,68	0	-1,15														1,07	0° 42'
350	0	0,64	1,20	1,50	1,54	1,86	0,82	0	-1,00													"	0° 51'
400	0	0,78	1,46	1,88	2,05	2,00	1,60	0,93	0	-1,38	-3,05	-5,20	-7,70									2,07	1° 1'
500	0	1,10	2,08	2,82	3,28	3,50	3,45	3,10	2,48	1,42	0	-1,80										3,52	1° 22'
600	0	1,43	2,75	3,82	4,62	5,21	5,48	5,42	5,15	4,40	3,35	1,88	0									5,50	1° 45'
700	0	1,80	3,47	4,95	6,20	7,05	7,67	8,07	8,10	7,75	7,05	5,92	4,40	2,45	0							8,12	2° 10'
800	0	2,20	4,30	6,15	7,75	9,07	10,07	10,87	11,30	11,35	11,30	11,05	9,26	5,75	-5,75	-3,12	0					11,54	2° 38'
900	0	2,65	5,15	7,42	9,50	11,26	12,63	13,92	14,75	15,25	15,38	15,11	14,47	13,35	11,78	9,61	-6,95	-3,57	0			15,40	3° 8'
1000	0	3,15	6,16	8,85	11,45	13,57	15,52	17,20	18,53	19,50	20,10	20,30	20,12	19,45	18,30	16,65	14,47	11,77	8,50	-4,50	0	20,30	3° 41'

Grav. chez Erhard. J. Dumaine Editeur Imp. Monrocq

COURBE DES HAUSSES

ET COURBE DES PORTÉES DU FUSIL M^LE 1866.

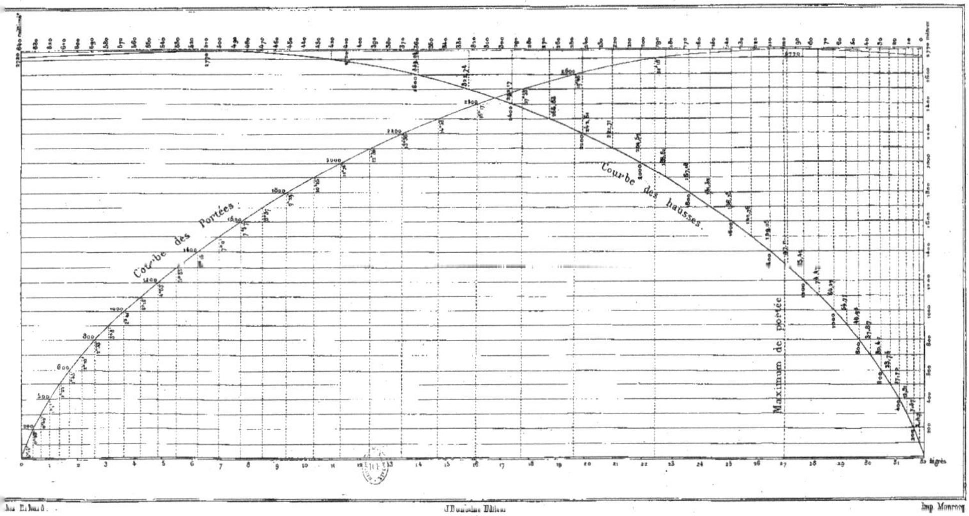

Fig. 68.

PL. XV.

Courbe des Portées.

Courbe des hausses.

Maximum de portée

Imp. Monrocq

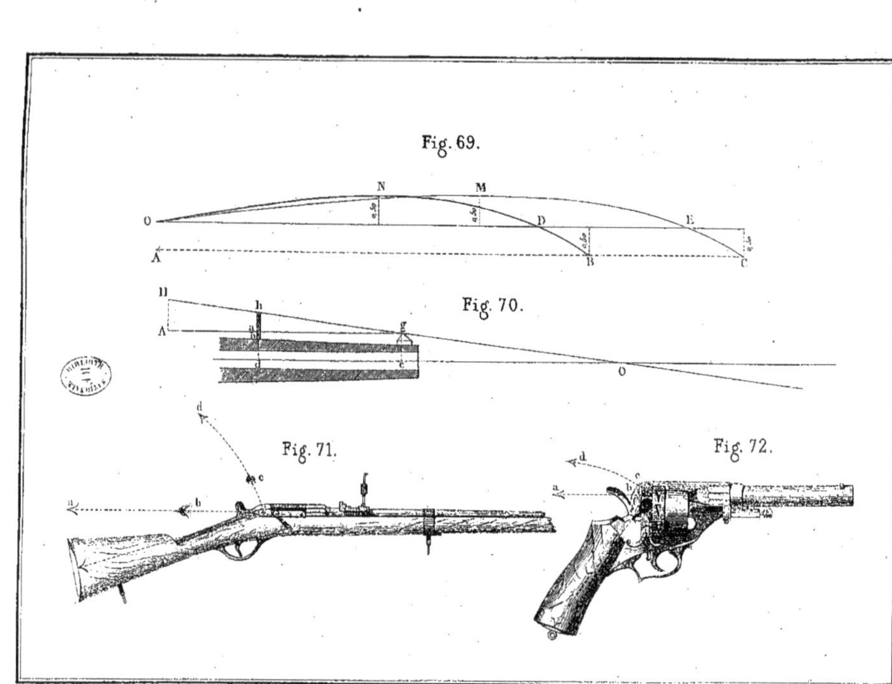

Gravé chez Erhard. J. Dumaine, Editeur. Imp. Monrocq

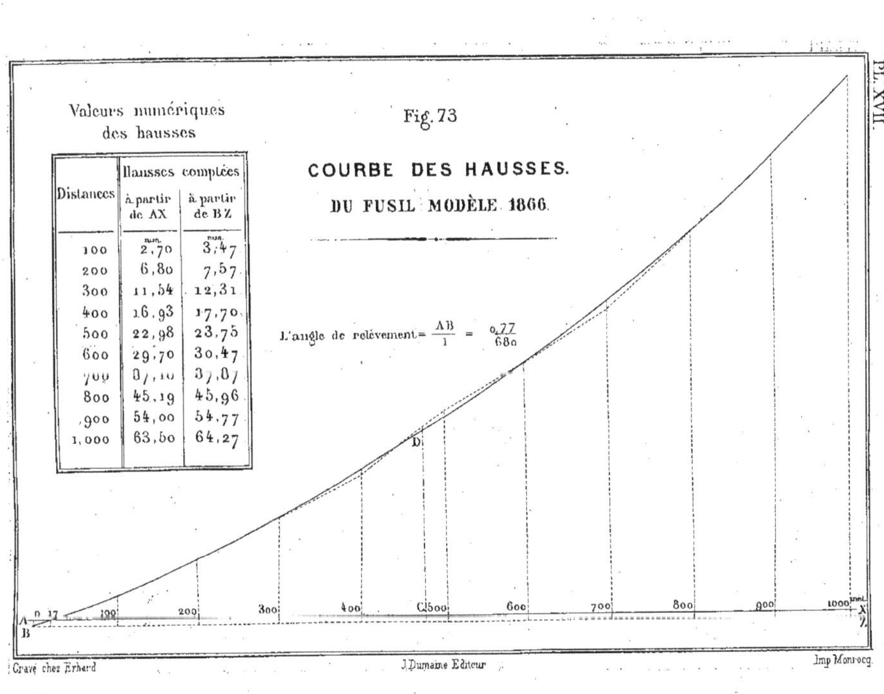

Valeurs numériques des hausses

Distances	Hausses comptées	
	à partir de AX	à partir de BZ
	mm.	mm.
100	2,70	3,47
200	6,80	7,57
300	11,54	12,31
400	16,93	17,70
500	22,98	23,75
600	29,70	30,47
700	37,10	37,87
800	45,19	45,96
900	54,00	54,77
1,000	63,50	64,27

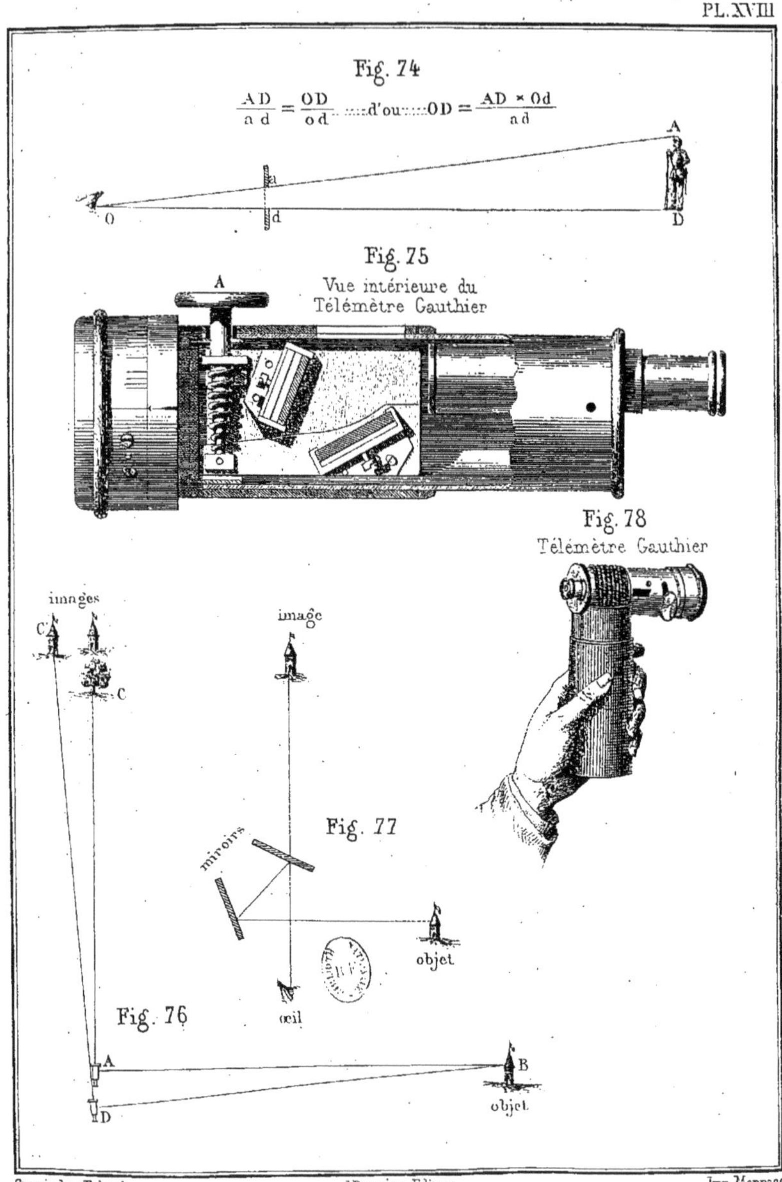

Gravé chez Erhard. J. Dumaine, Editeur. Imp. Monrocq.

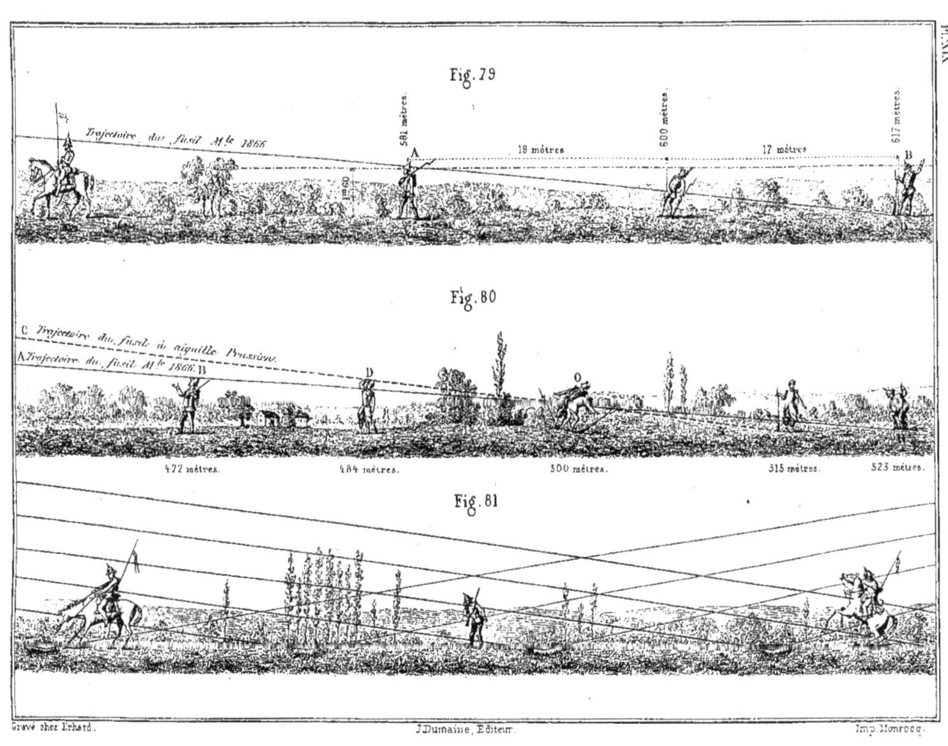
Pl. XIX
Fig. 79
Trajectoire du fusil Mle 1866.
581 mètres.
600 mètres.
617 mètres.
A
B
19 mètres
17 mètres
1m60
Fig. 80
C Trajectoire du fusil à aiguille Prussien.
A Trajectoire du fusil Mle 1866. B
D
O
472 mètres.
484 mètres.
500 mètres.
515 mètres.
523 mètres.
Fig. 81
Gravé chez Erhard.
J. Dumaine, Éditeur.
Imp. Monrocq.

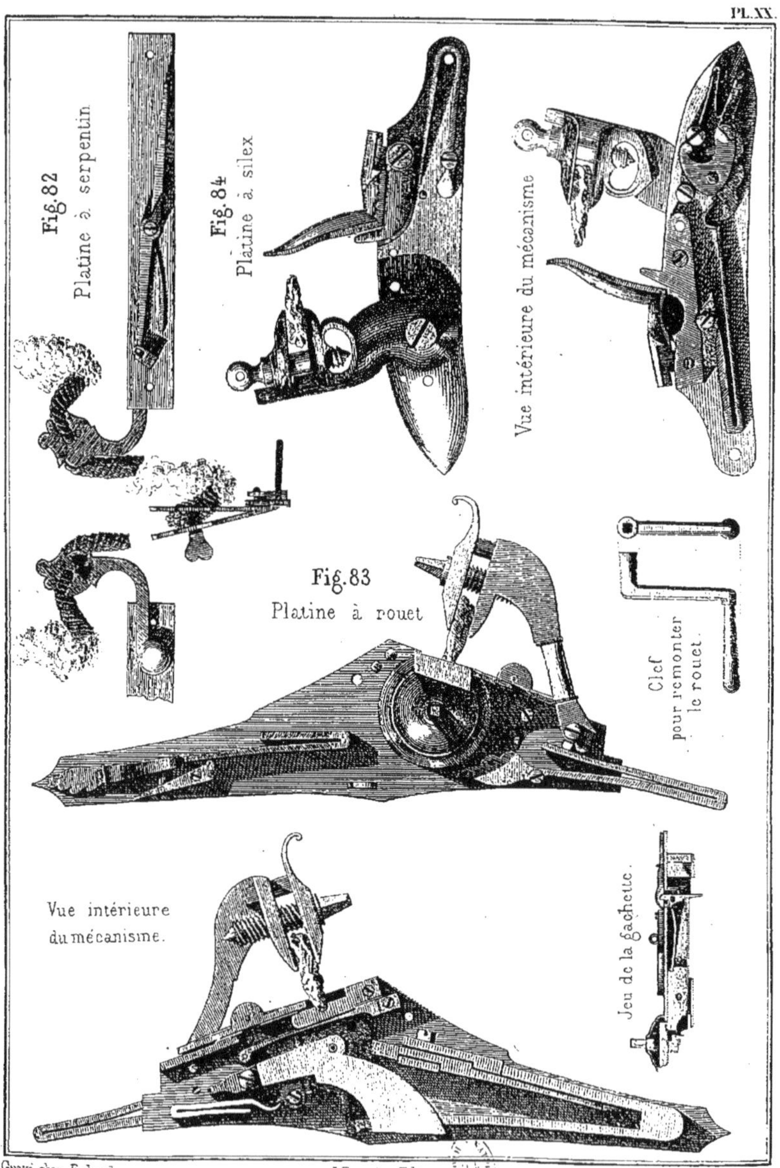

Gravé chez Erhard. J. Dumaine, Editeur. Imp. [illegible]

PL. XXI

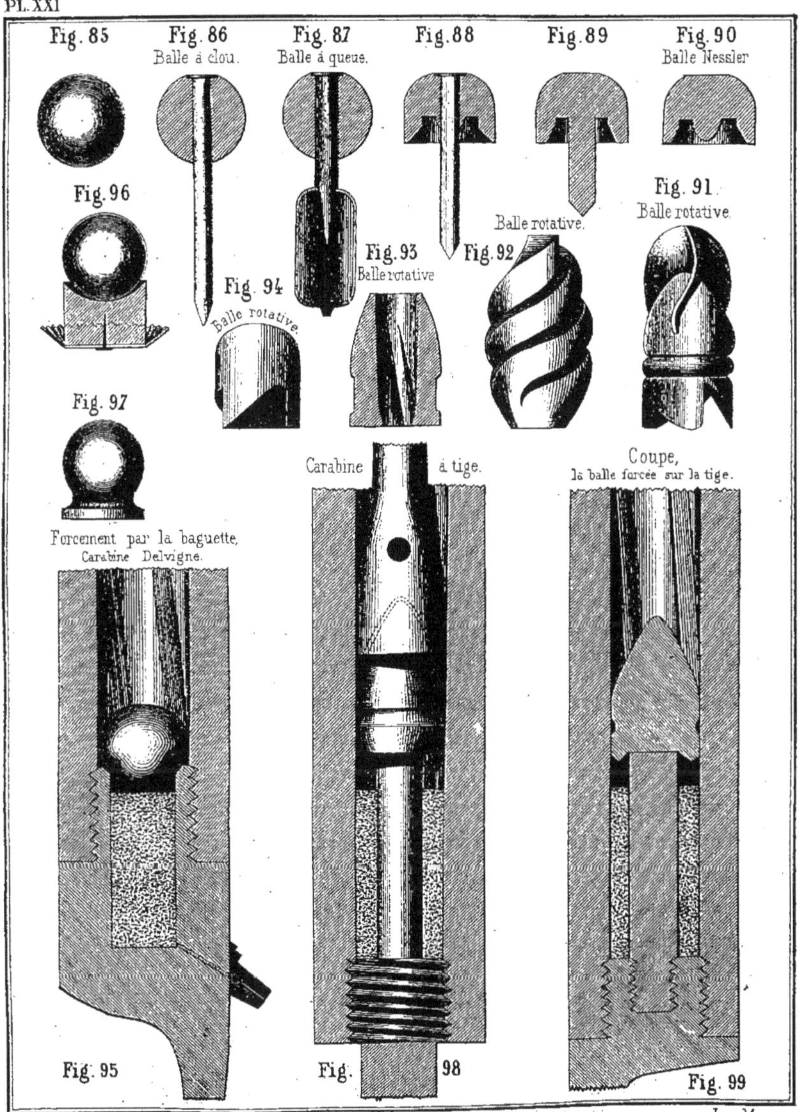

Gravé chez Erhard. J. Dumaine, Editeur. Imp. Monrocq.

PL. XXII

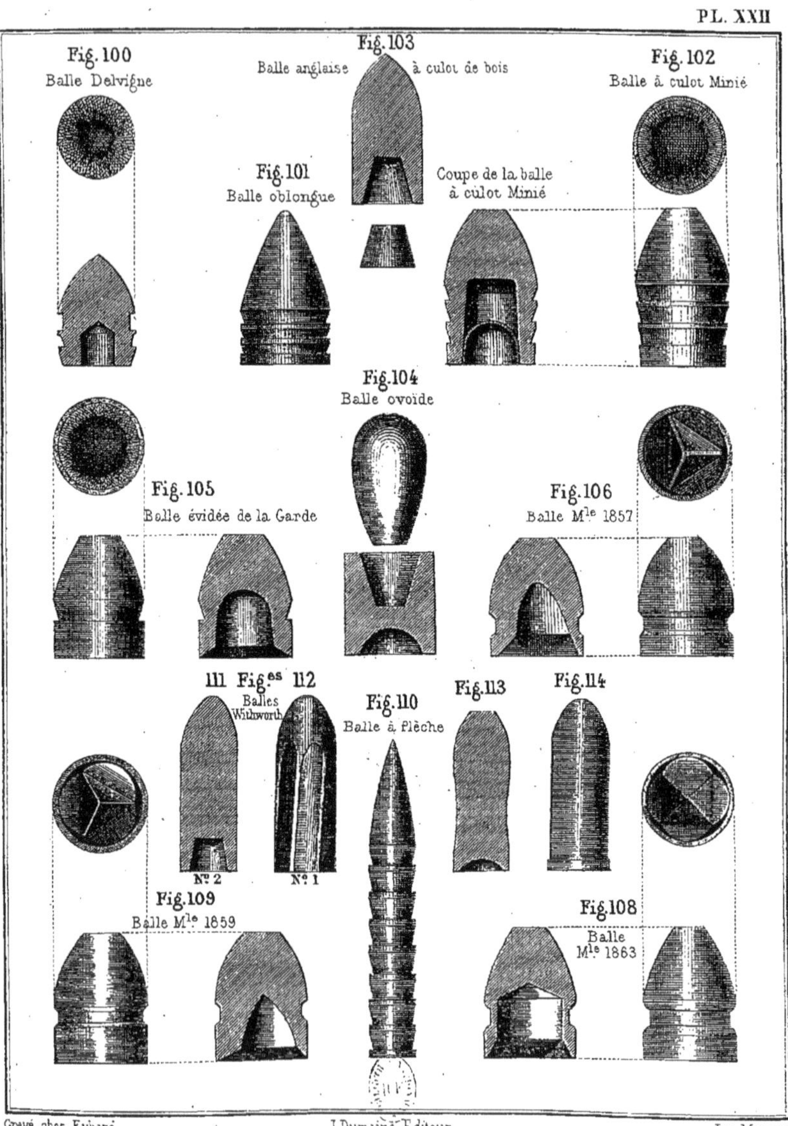

Gravé chez Erhard. J. Dumaine Éditeur. Imp. Monrocq.

RAYURES

PL. XXIII.

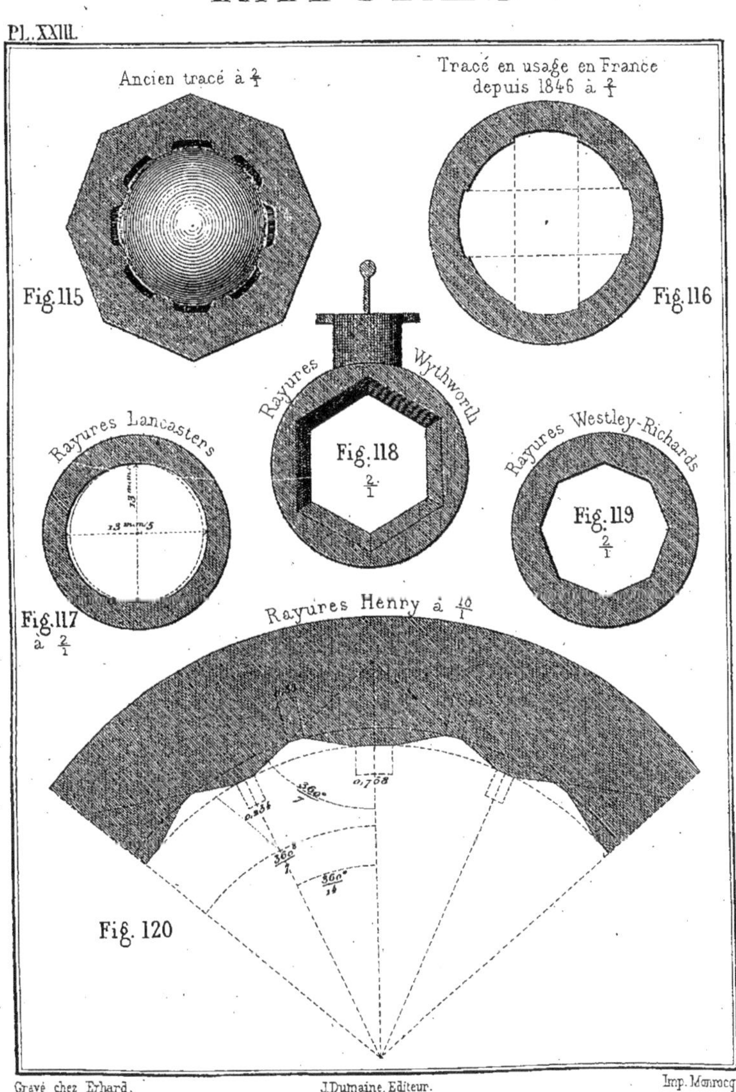

Gravé chez Erhard. J. Dumaine, Editeur. Imp. Monrocq.

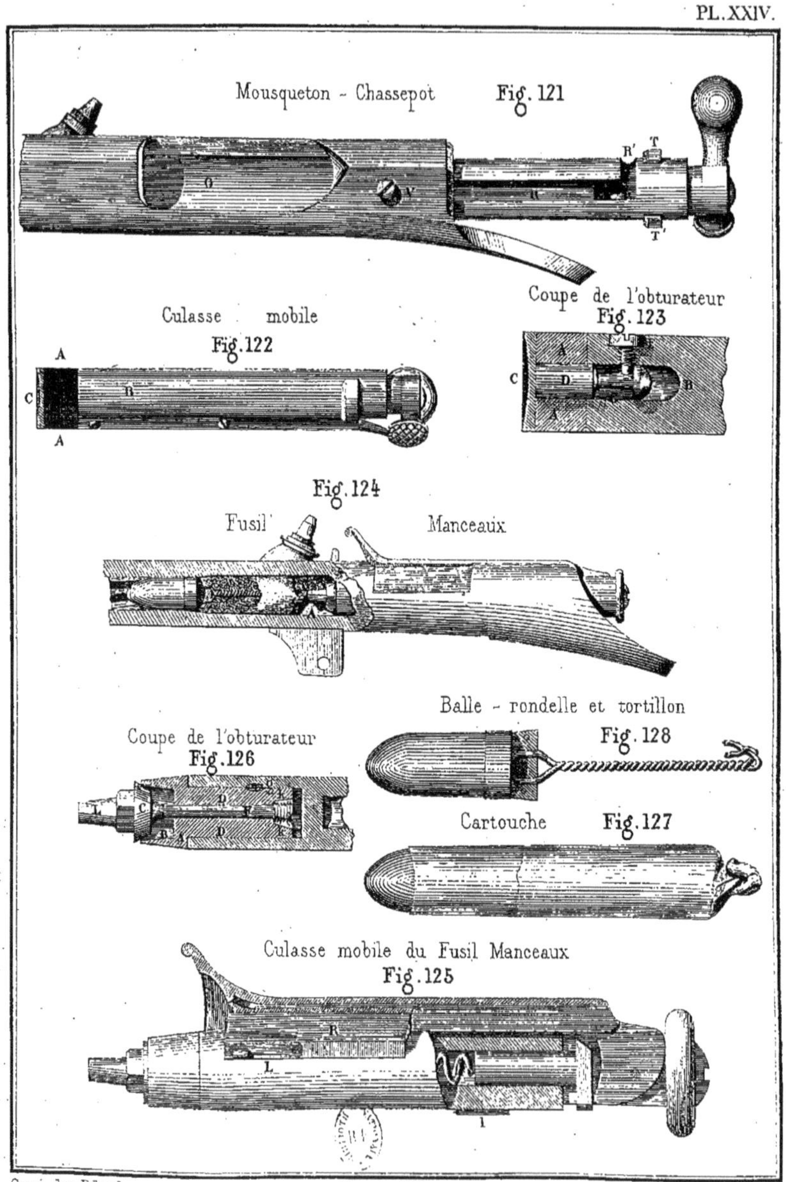

Gravé chez Erhard. J. Dumaine, Éditeur. Imp. Monrocq.

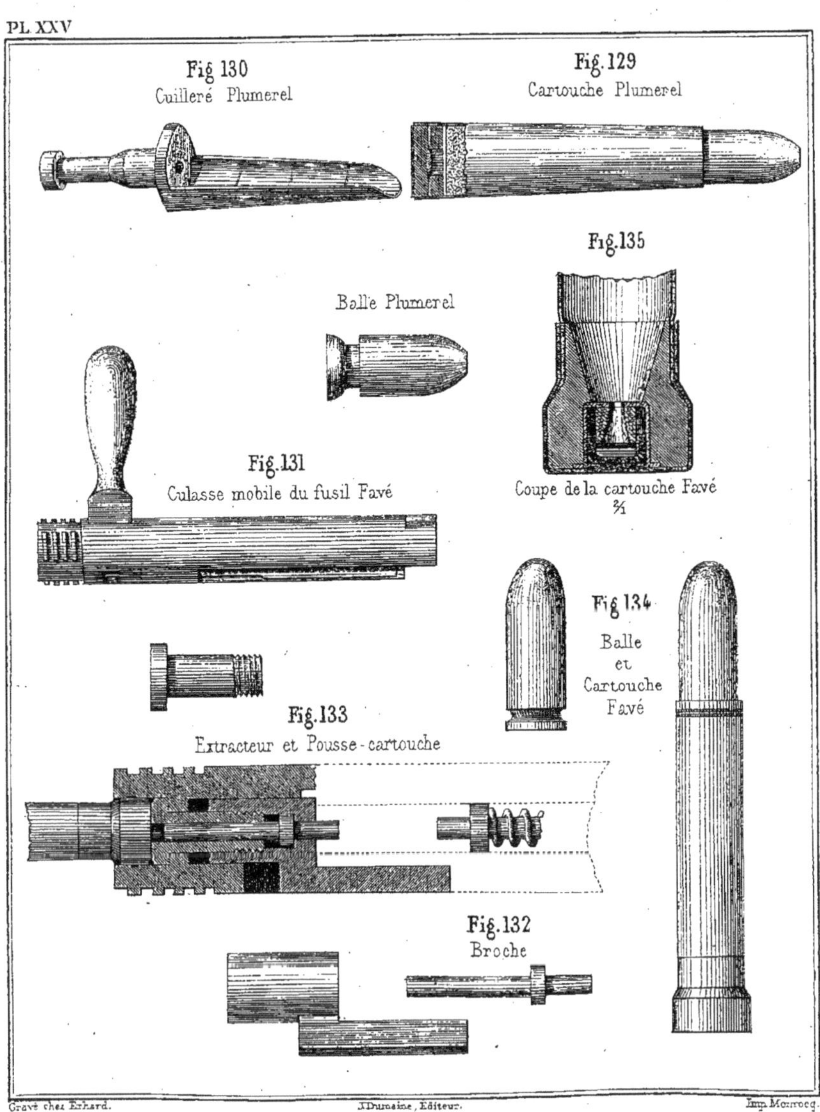

Gravé chez Erhard. J. Dumaine, Éditeur. Imp. Monrocq.

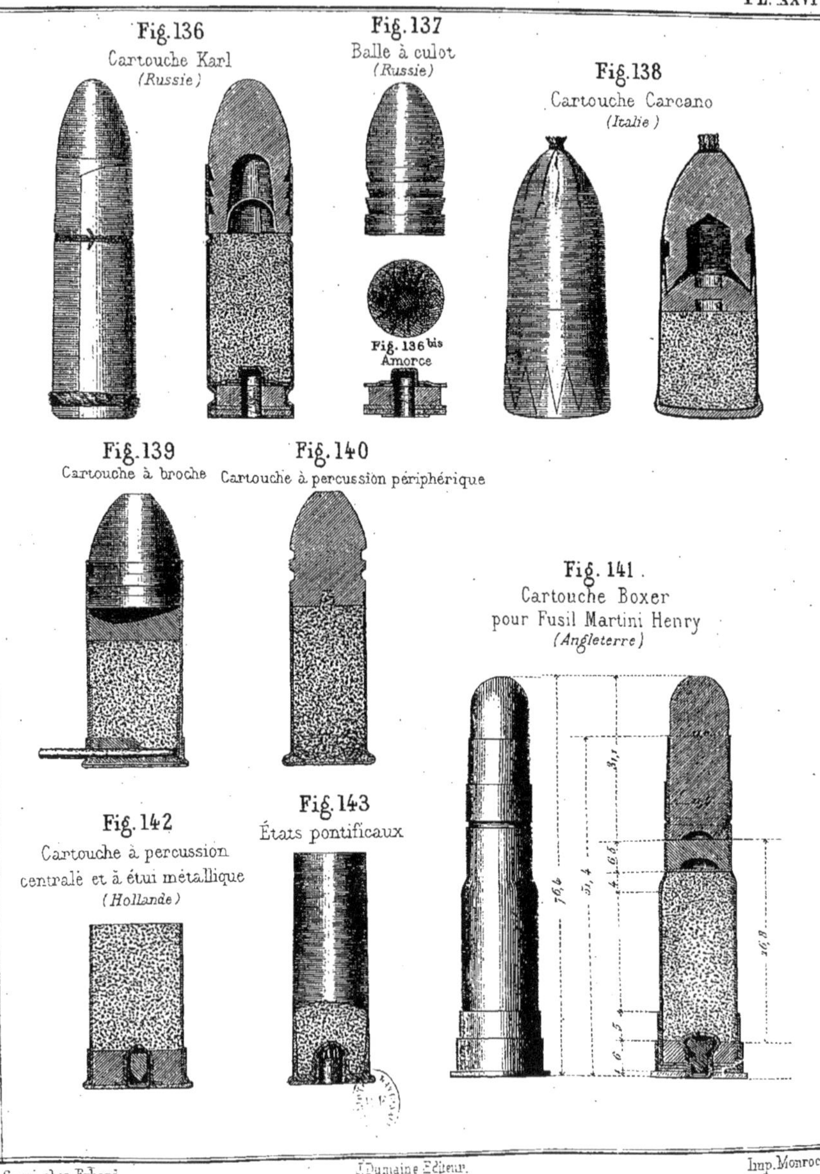

Gravé chez Erhard. J. Dumaine Éditeur. Imp. Monrocq.

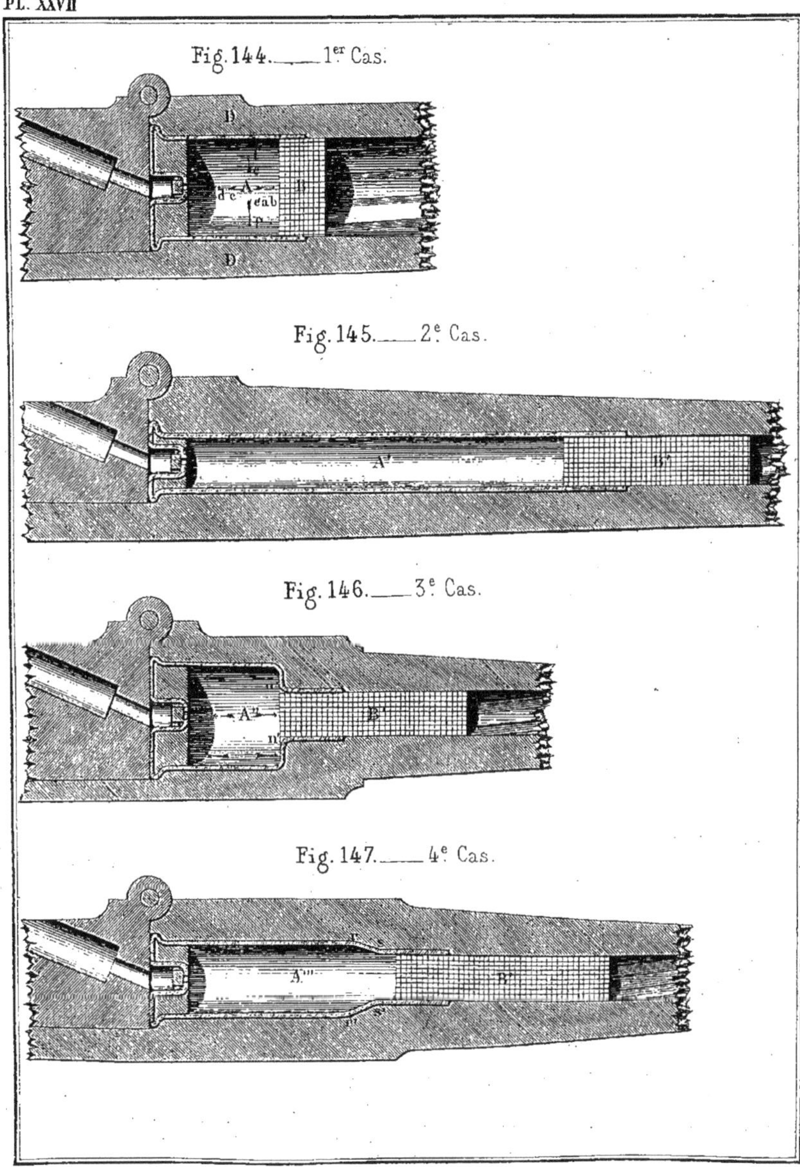

Gravé chez Erhard. J. Dumaine, Editeur. Imp. Monrocq

ARMES A CANON MOBILE.

PL. XXVIII.

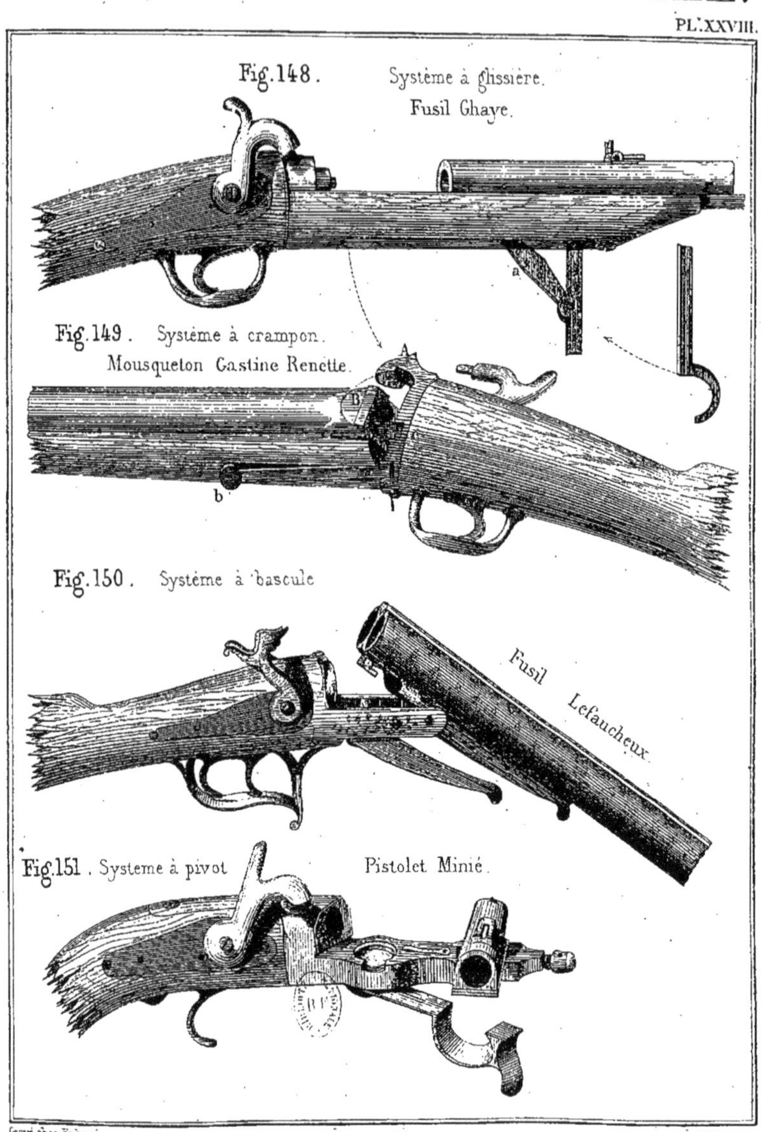

Gravé chez Erhard. J. Dumaine, Editeur. Imp. Mercier.

PL. XXIX.

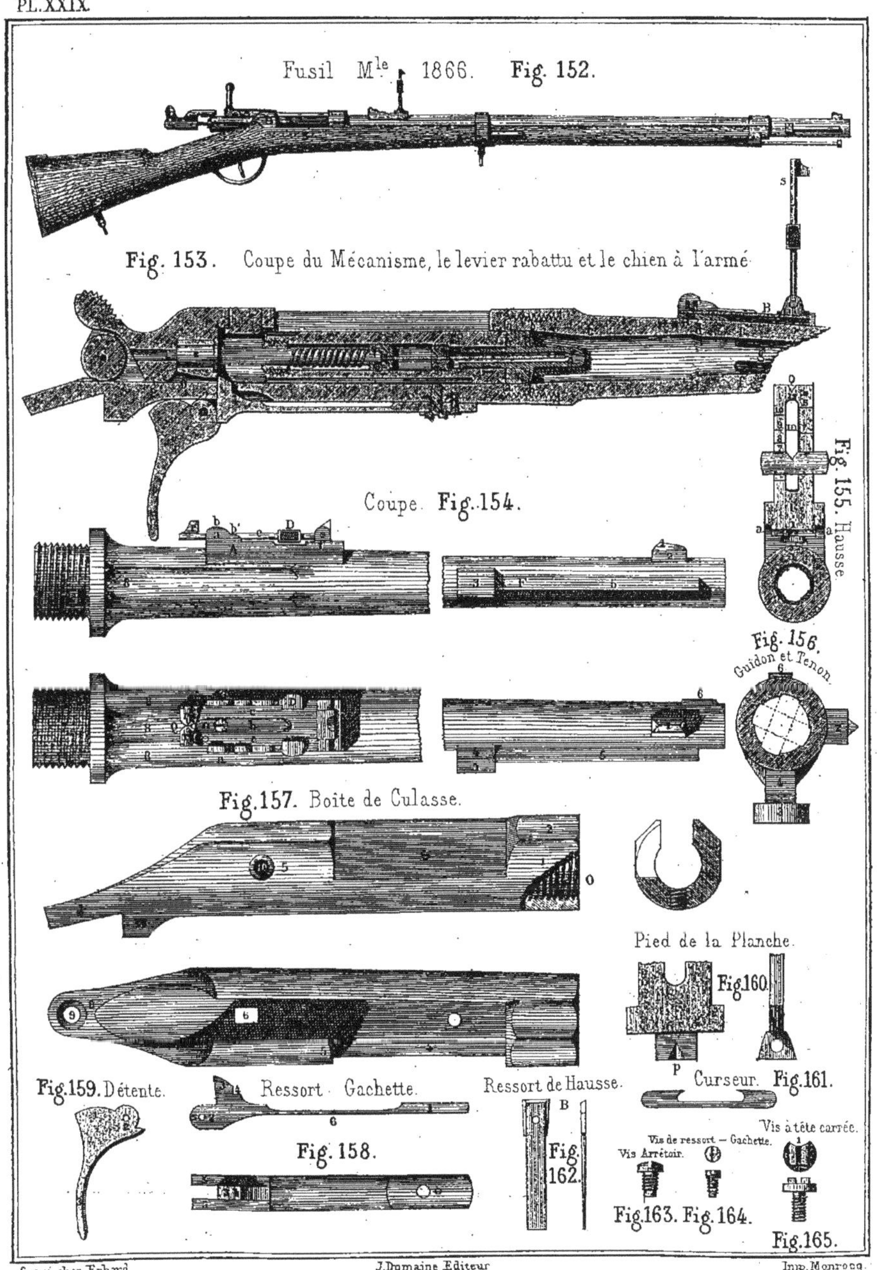

Gravé chez Erhard. J. Dumaine Editeur Imp. Monrocq.

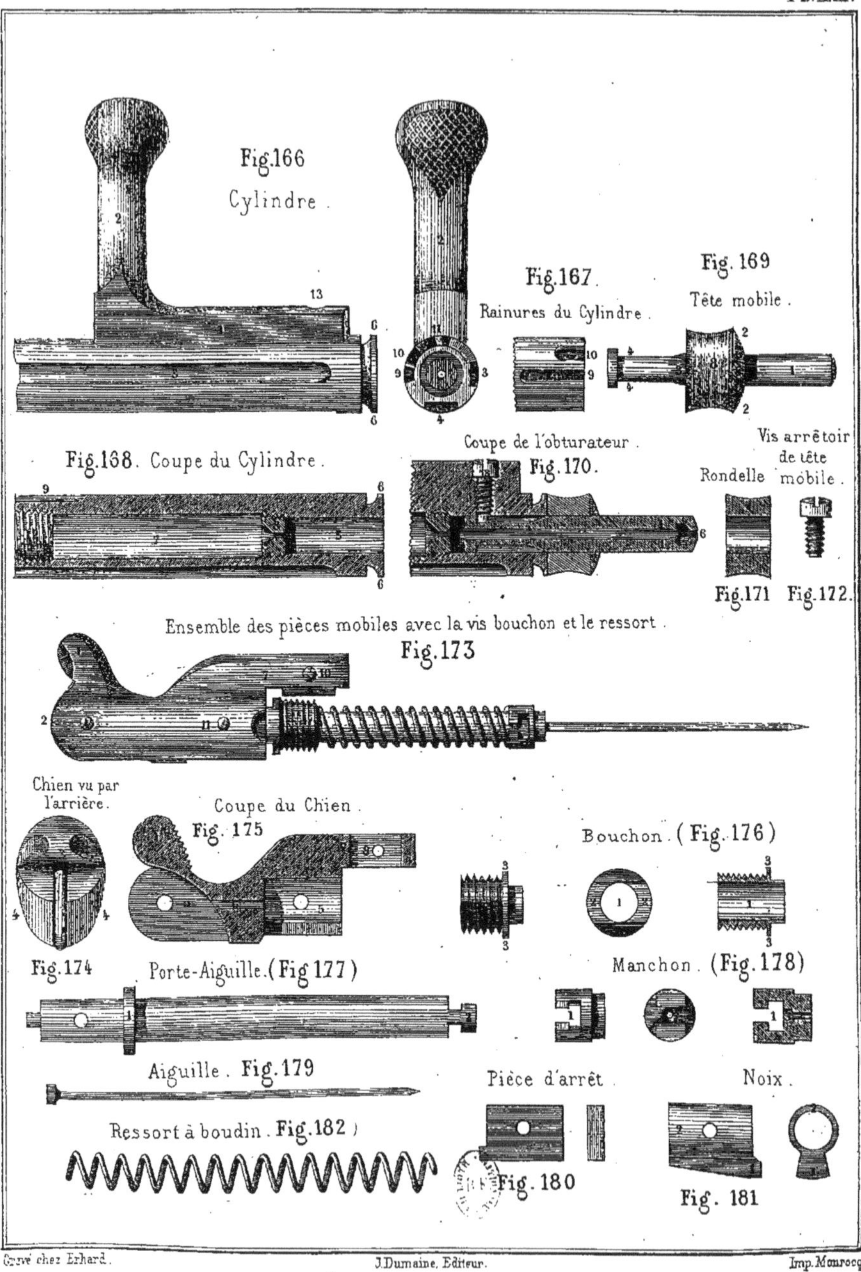

Gravé chez Erhard. J. Dumaine, Editeur. Imp. Monrocq.

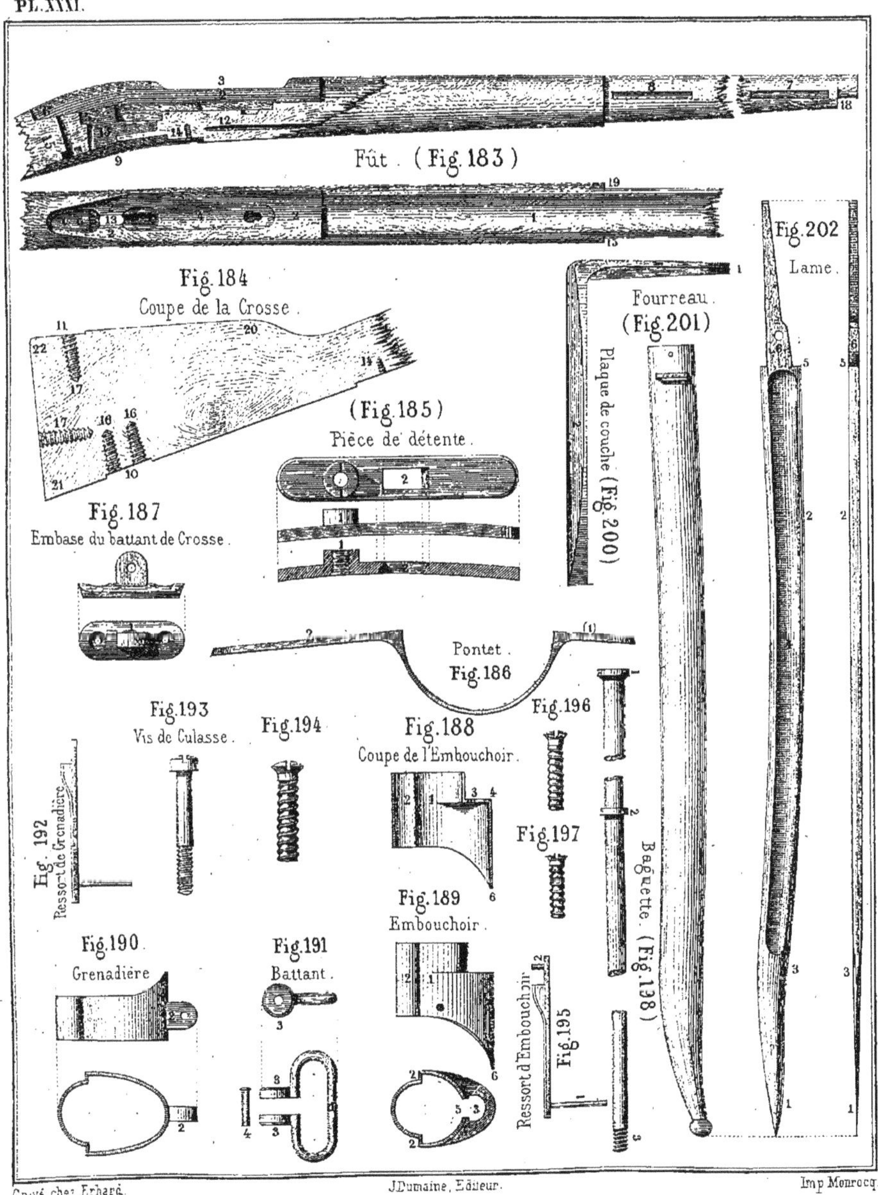

Gravé chez Erhard. J. Dumaine, Editeur. Imp Monrocq.

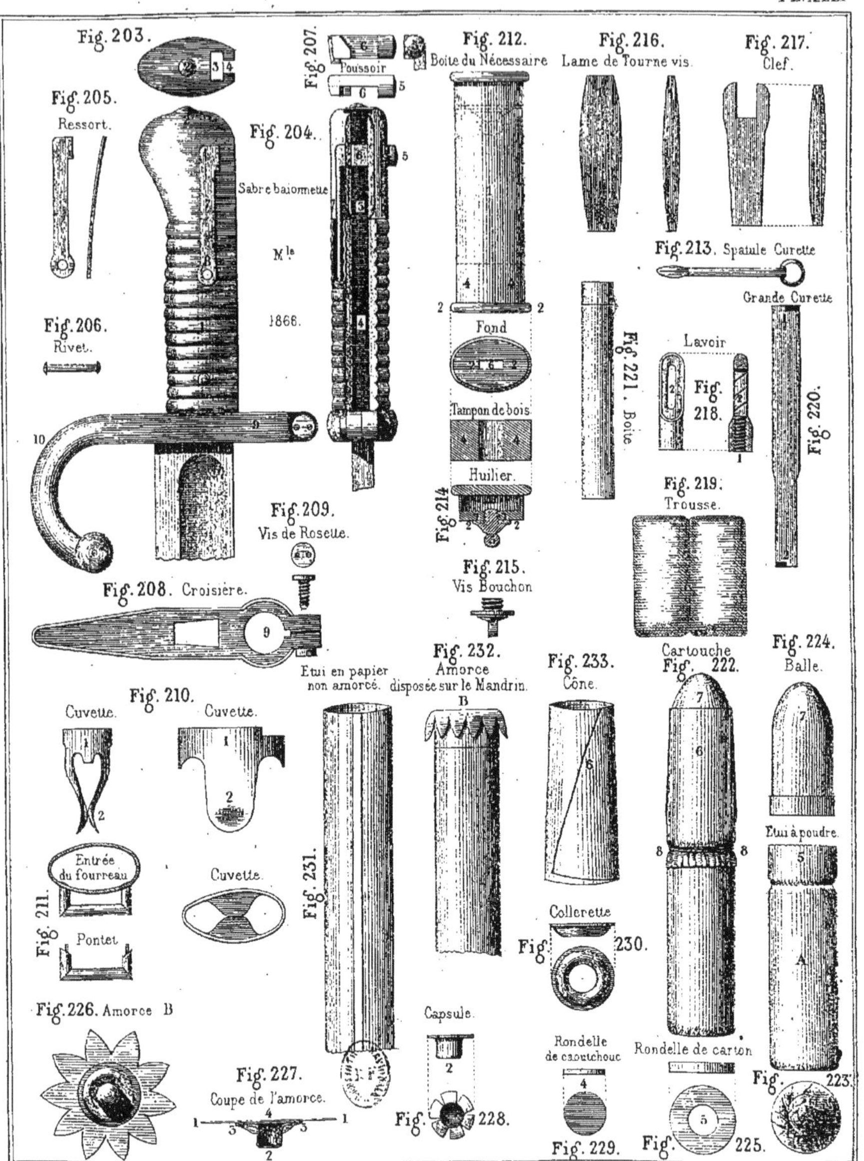

Gravé chez Erhard. J. Dumaine, Éditeur Imp.

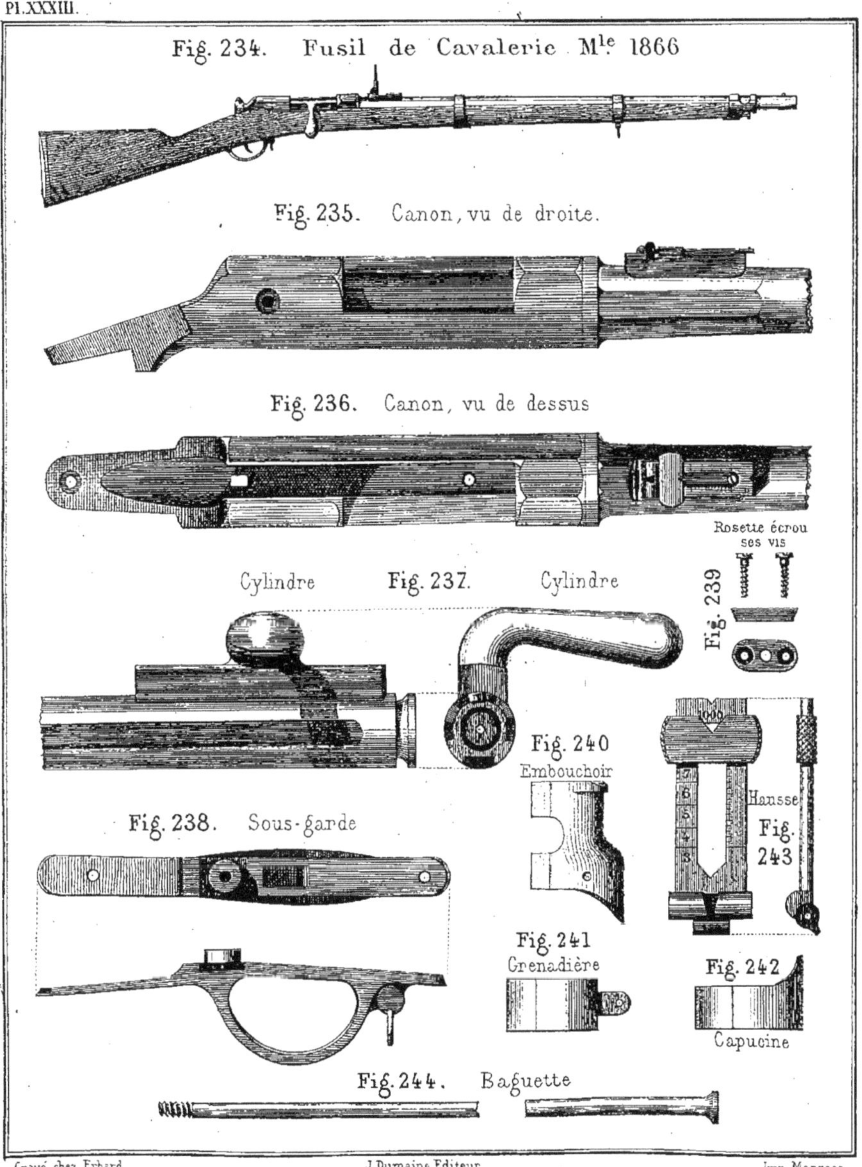

Gravé chez Erhard. J. Dumaine, Editeur. Imp. Monrocq

FUSIL M.LE 1857 TRANSFORMÉ

PL. XXXIV

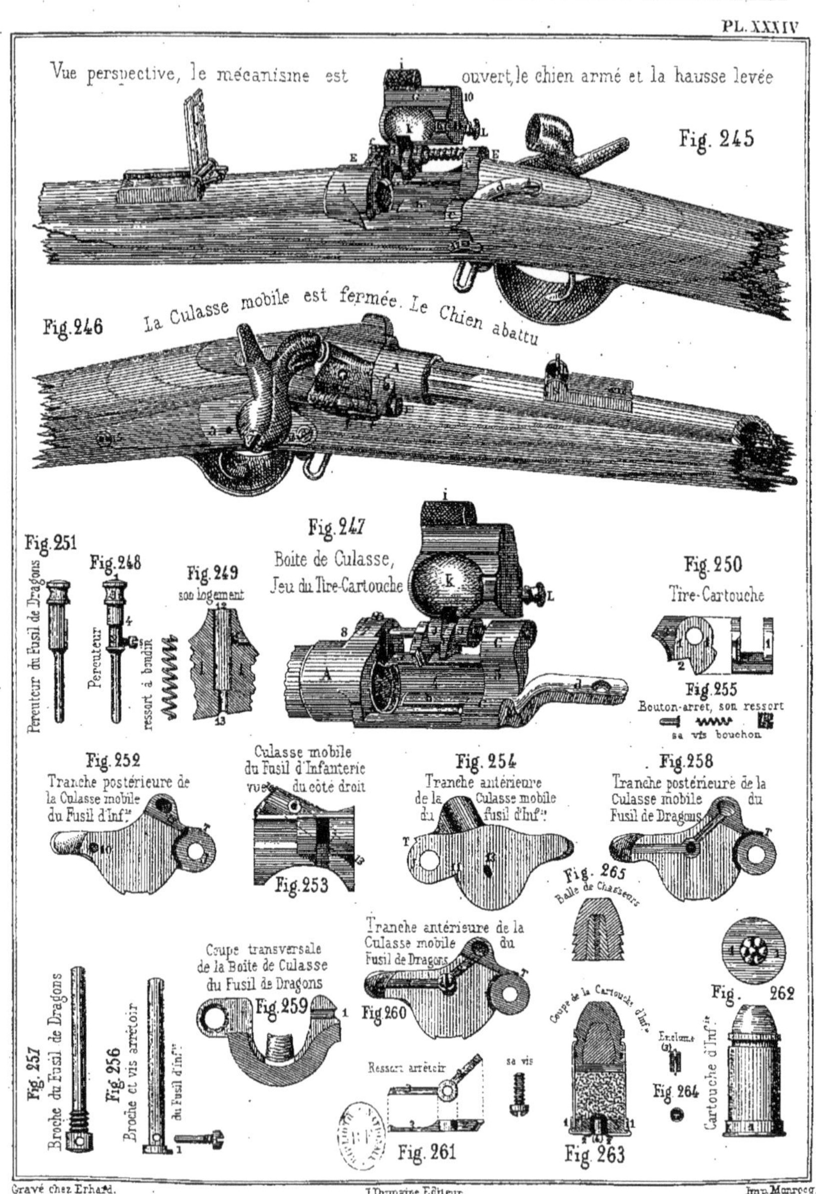

Gravé chez Erhard. J. Dumaine, Editeur. Imp. Monrocq.

FUSIL M^le 1857, TRANSFORMÉ.

PL. XXXV

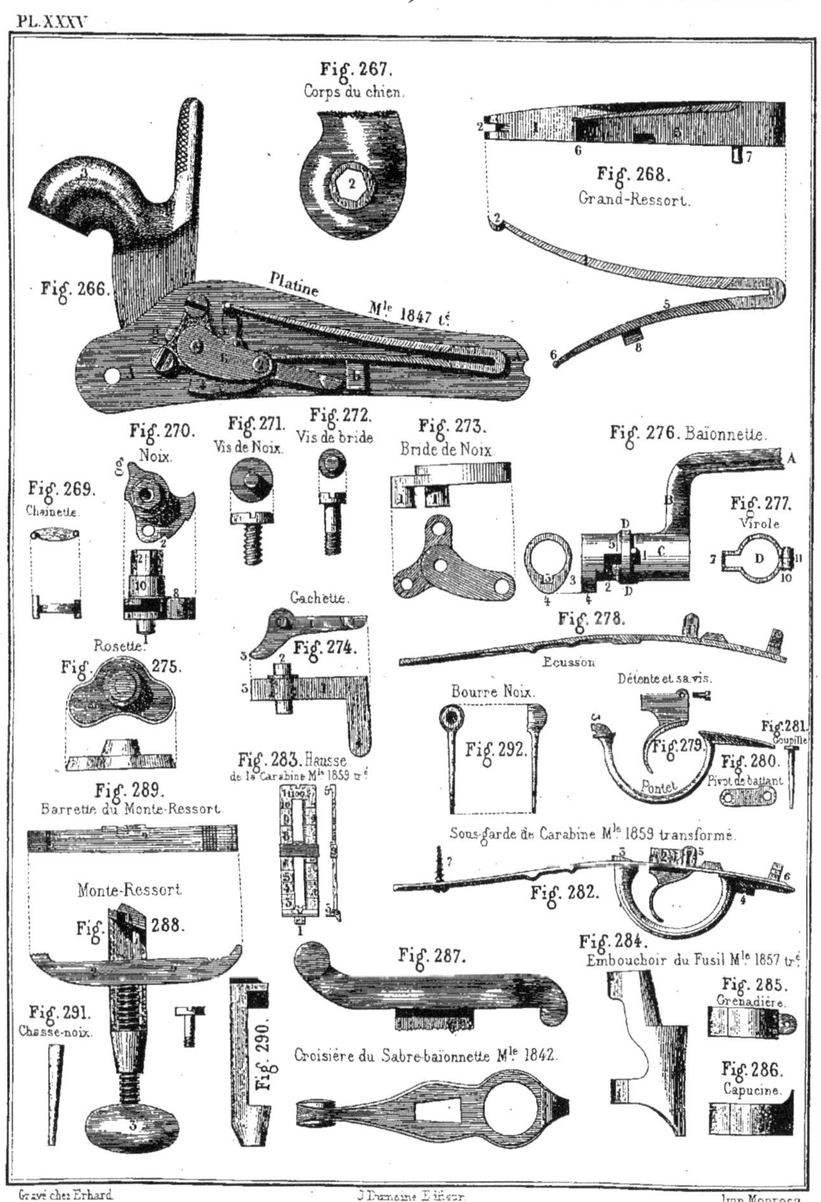

Gravé chez Erhard. J. Dumaine Éditeur. Imp. Monrocq.

SYSTÈME TREUILLE DE BEAULIEU

PL. XXXVI

Fig. 293.

MOUSQUETON DES CENT GARDES

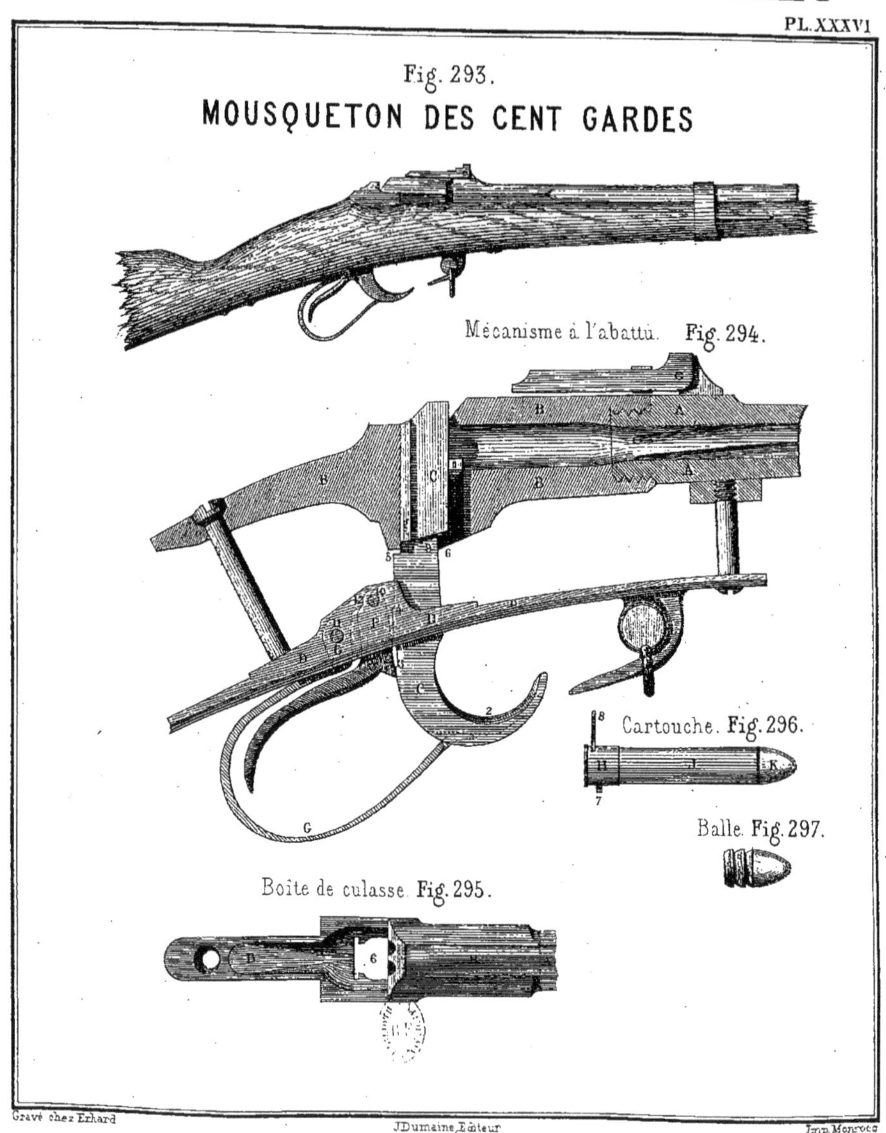

Gravé chez Erhard
J. Dumaine, Éditeur
Imp. Monrocq

PRUSSE.

PL. XXXVII.

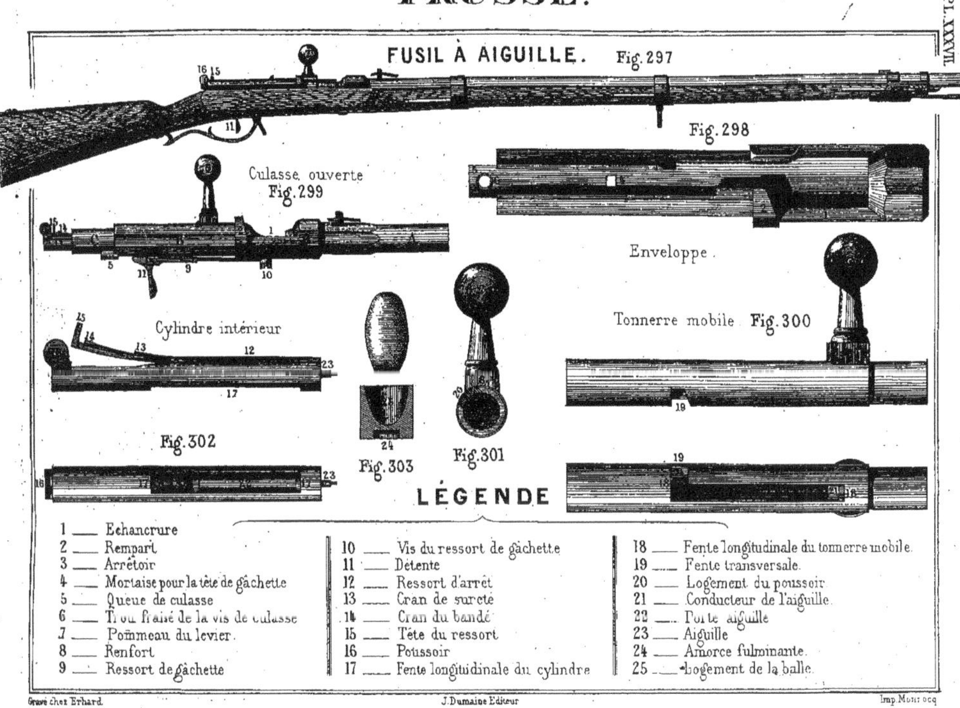

Gravé chez Erhard. J. Dumaine Éditeur Imp. Monrocq

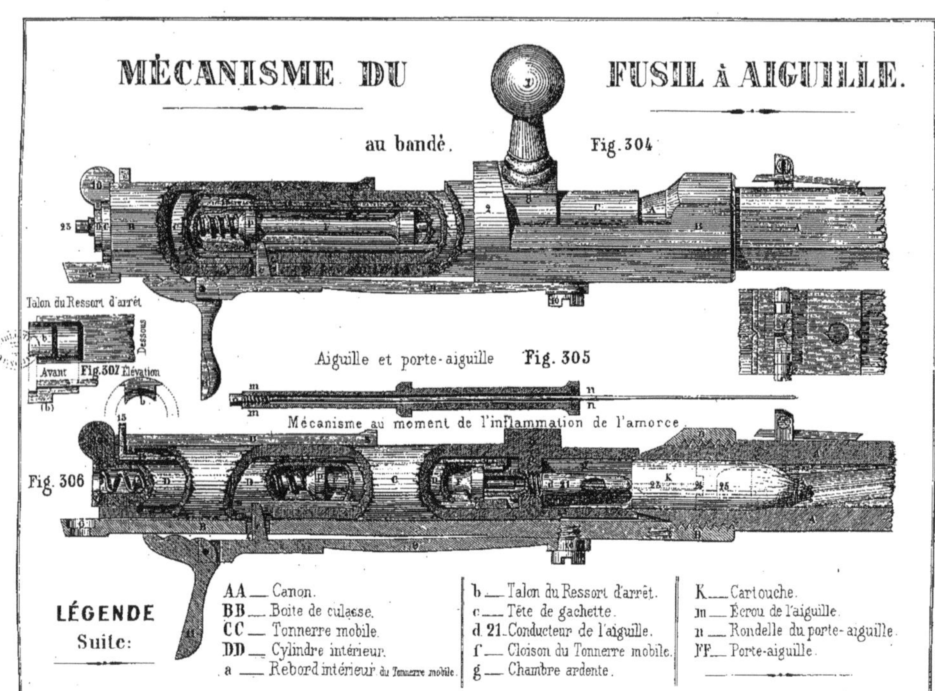
MÉCANISME DU FUSIL À AIGUILLE.
au bandé.
Fig. 304
Talon du Ressort d'arrêt
Dessous
Avant
Fig. 307 Élévation
Aiguille et porte-aiguille
Fig. 305
Mécanisme au moment de l'inflammation de l'amorce.
Fig. 306
LÉGENDE
Suite:
AA — Canon.
BB — Boite de culasse.
CC — Tonnerre mobile.
DD — Cylindre intérieur.
a — Rebord intérieur du Tonnerre mobile.
b — Talon du Ressort d'arrêt.
c — Tête de gachette.
d. 21. Conducteur de l'aiguille.
f — Cloison du Tonnerre mobile.
g — Chambre ardente.
K — Cartouche.
m — Écrou de l'aiguille.
n — Rondelle du porte-aiguille.
FF — Porte-aiguille.
PL. XXXVIII
Gravé chez Erhard.
J. Dumaine, Éditeur.
Imp. Monrocq.

RUSSIE

PL. XXXIX.

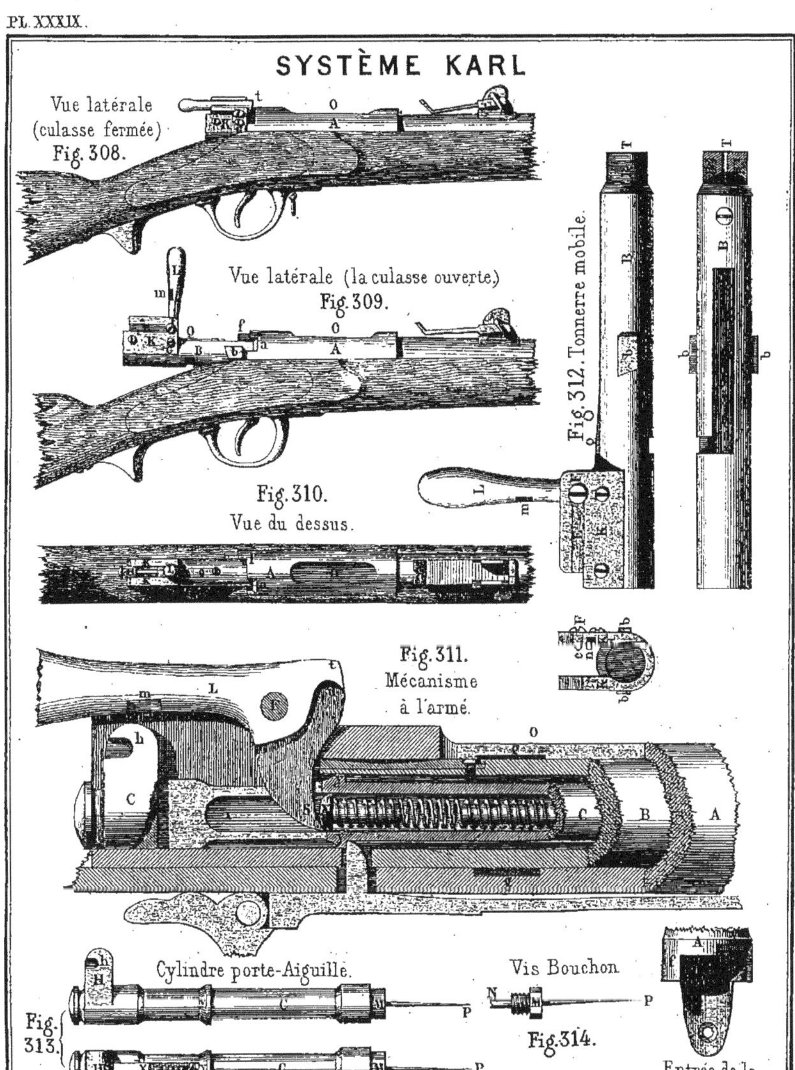

Gravé chez Erhard. J. Dumaine Editeur. Imp. Monrocq.

ITALIE.

PL. XL.
CARABINE DE BERSAGLIERI transformée
Mécanisme à l'abattu
Fig. 316
Mécanisme à l'armé
Fig. 317
Fig. 318
Cylindre
Fig. 319
Tube-bouchon
Ressort d'arrêt
Boite de culasse, Queue de culasse et Gâchette
Tête du Porte Aiguille
Fig. 320
Fig. 321
Fig. 322
Manchon
A Canon et Boîte de culasse
B Queue de culasse, a sa vis
C Cylindre
D Grain
F Manchon, G Rondelle obturatrice
K Porte-aiguille
L Ressort d'arrêt
M Tube-bouchon
9 Rainure inférieure
m Tenon du Tube-bouchon
O Arrêtoir à ressort
P Bouton de culasse
S Gâchette
6 Rainure latérale
7 Trou pour le bouton du ressort d'arrêt
Gravé chez Erhard.
J. Dumaine, Éditeur.
Imp. Monrocq.

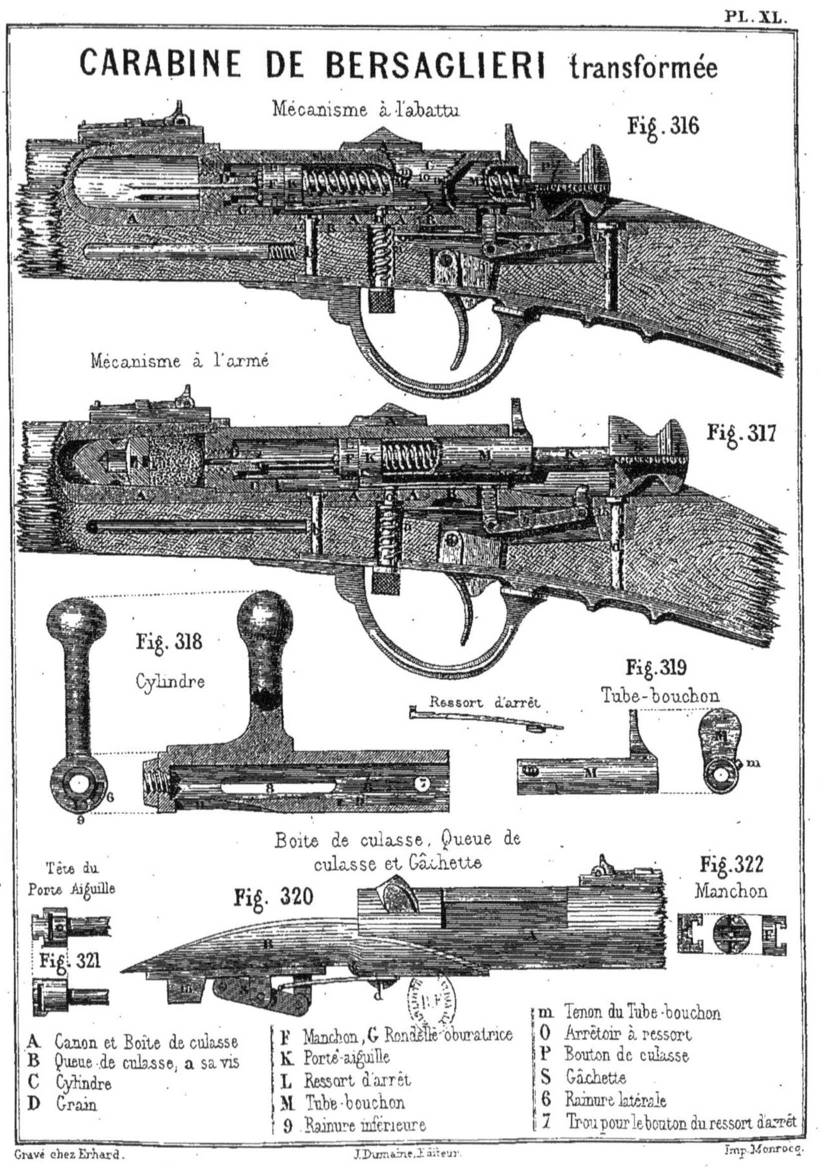

SYSTÈME BERDAN.

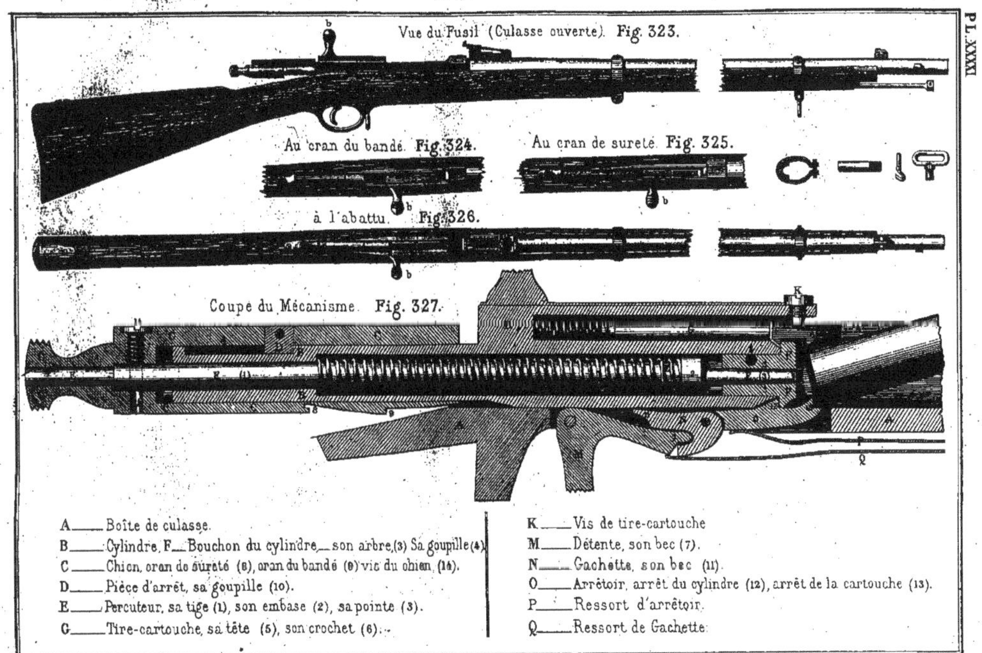

Gravé chez Erhard. J. Dumaine, Éditeur. Imp. Monrocq.

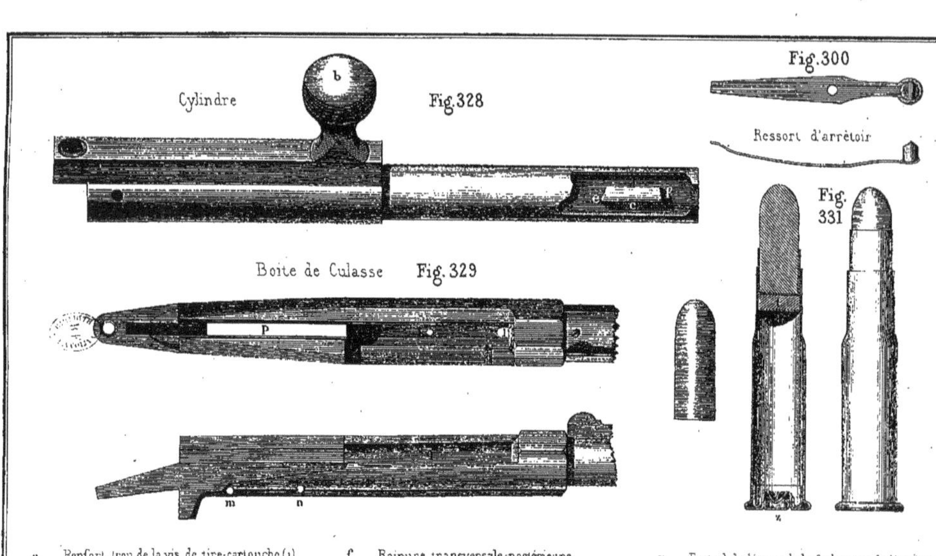

a	Renfort, trou de la vis de tire-cartouche (1).	f	Rainure transversale postérieure.	p	Fente de la détente, de la gachette et de l'arrêtoir.
b	Levier.	g	Entrée de la rainure.	q	Echancrure.
c	Rainure du départ, son cran (2).	k	Trou de la vis des ressorts de gachette et d'arrêtoir.	s	Guide-cartouche et son ressort.
d	Rainure du retour, son cran (3).	l	Logement du guide-cartouche.	t	Rondelle de graisse.
e	Rainure transversale, antérieure.	m	Trou de la goupille de détente.	z	Capsule.
		n	Trou de la goupille de gachette et d'arrêtoir.		

PL. XLII.

Gravé chez Erhard — J. Dumaine Editeur — Imp. Monrocq.

ITALIE

FUSIL BURTON

PL. XLIII.

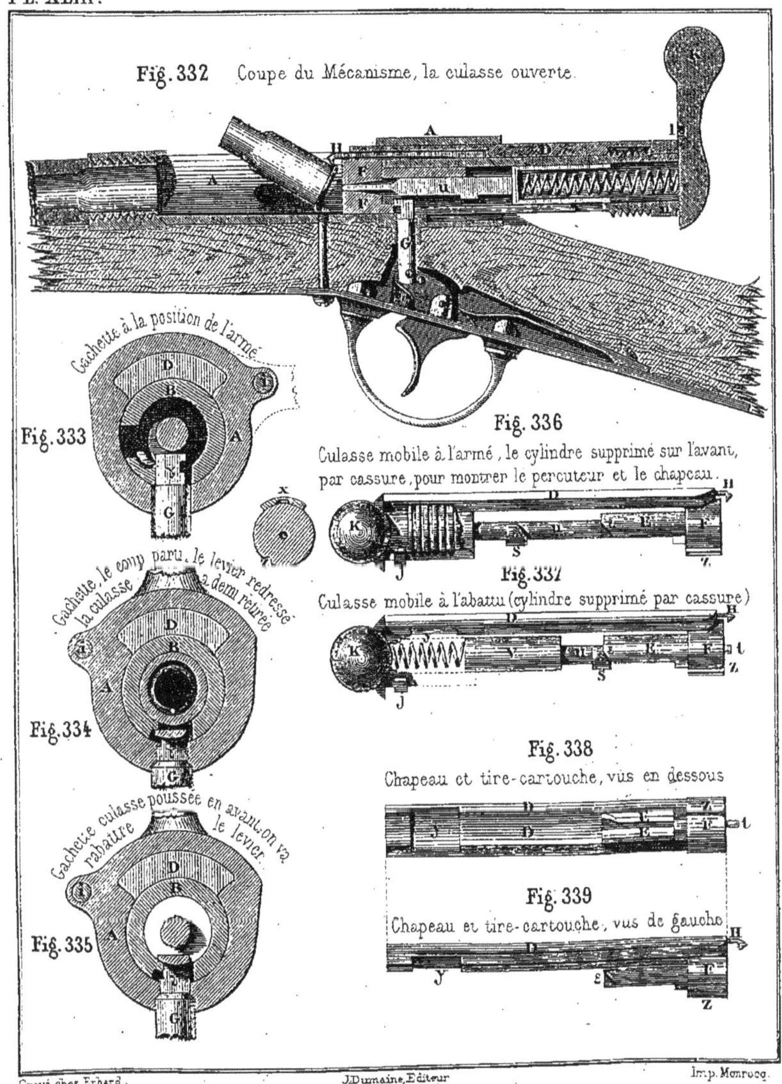

Fig. 332 Coupe du Mécanisme, la culasse ouverte.

Fig. 333

Fig. 334

Fig. 335

Fig. 336 Culasse mobile à l'armé, le cylindre supprimé sur l'avant, par cassure, pour montrer le percuteur et le chapeau.

Fig. 337 Culasse mobile à l'abattu (cylindre supprimé par cassure)

Fig. 338 Chapeau et tire-cartouche, vus en dessous

Fig. 339 Chapeau et tire-cartouche, vus de gauche

Gravé chez Erhard. J. Dumaine, Éditeur Imp. Monrocq.

ITALIE

FUSIL BURTON

PL. XXXXIV

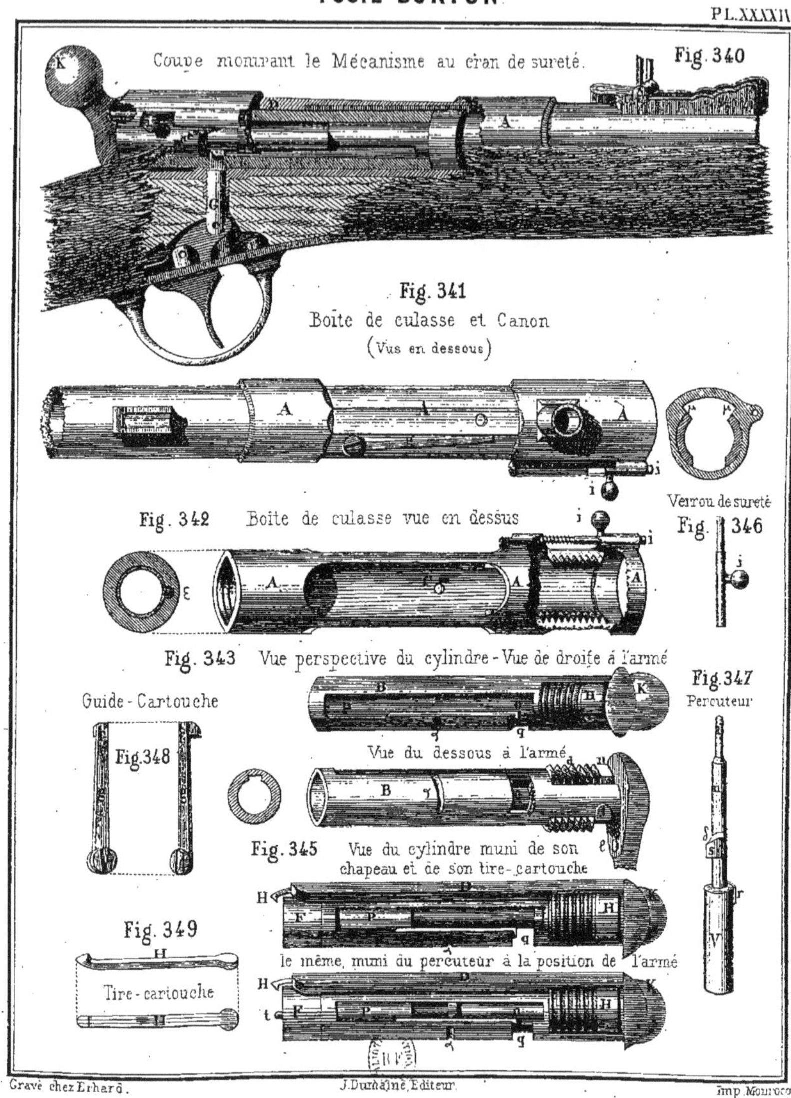

Gravé chez Erhard. J. Dumaine, Editeur. Imp. Monrocq.

HOLLANDE.

PL. VI.

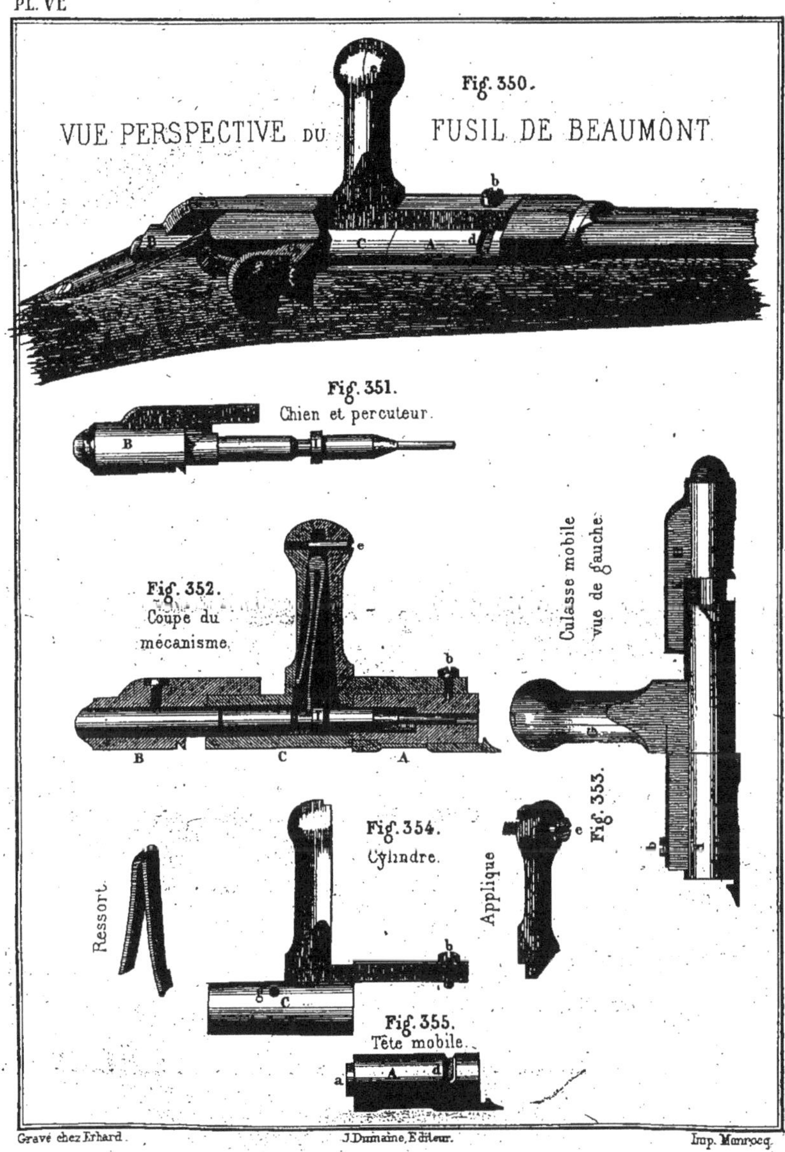

Gravé chez Erhard. J. Dumaine, Editeur. Imp. Monrocq.

MOUSQUETON SHARPS

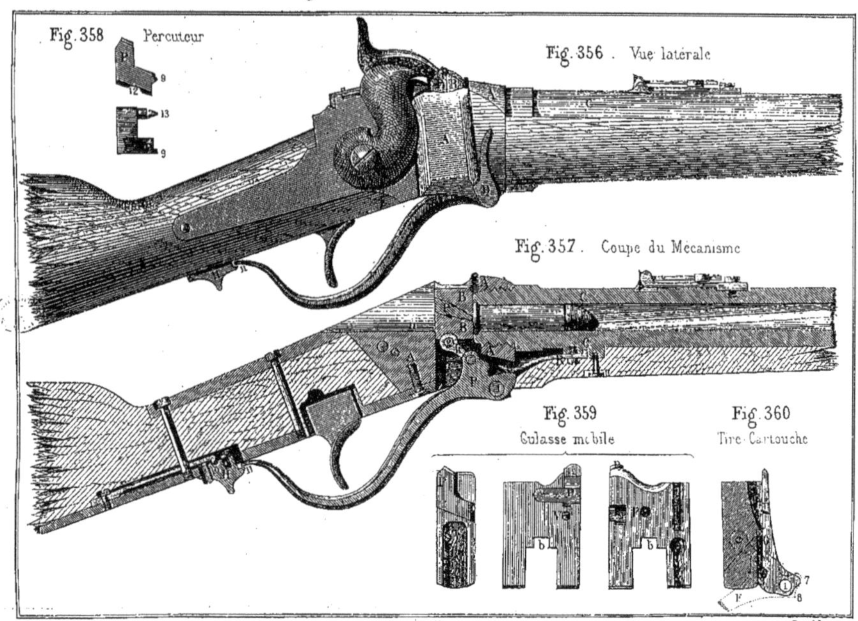

Gravé Chez Erhard. J. Dumaine Editeur Imp. Monrocq

ANGLETERRE

PL. XLVII

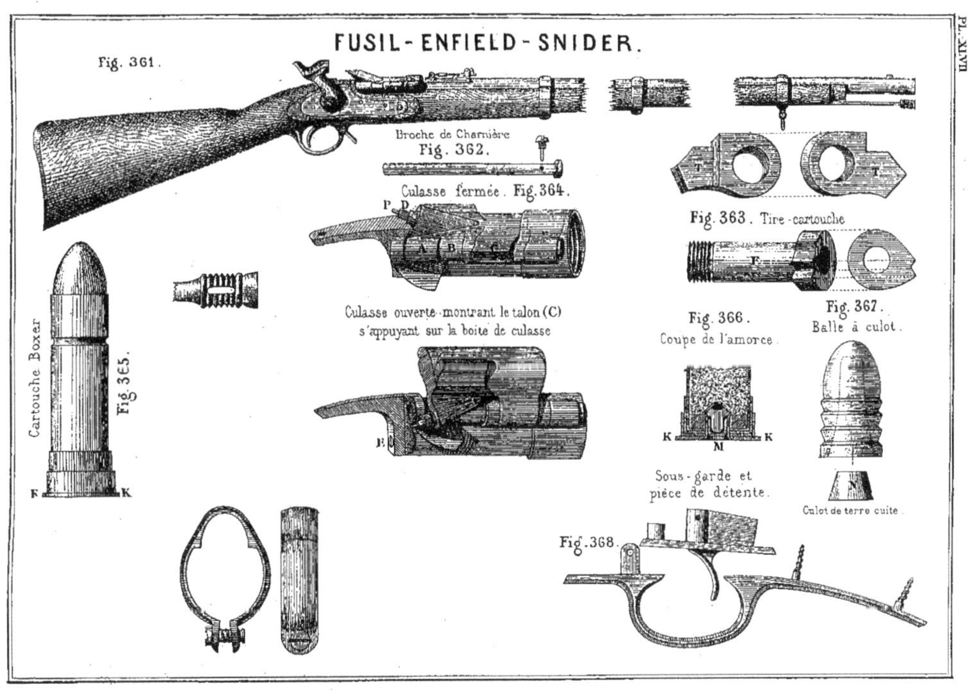

ANGLETERRE.

FUSIL ENFIELD-SNIDER

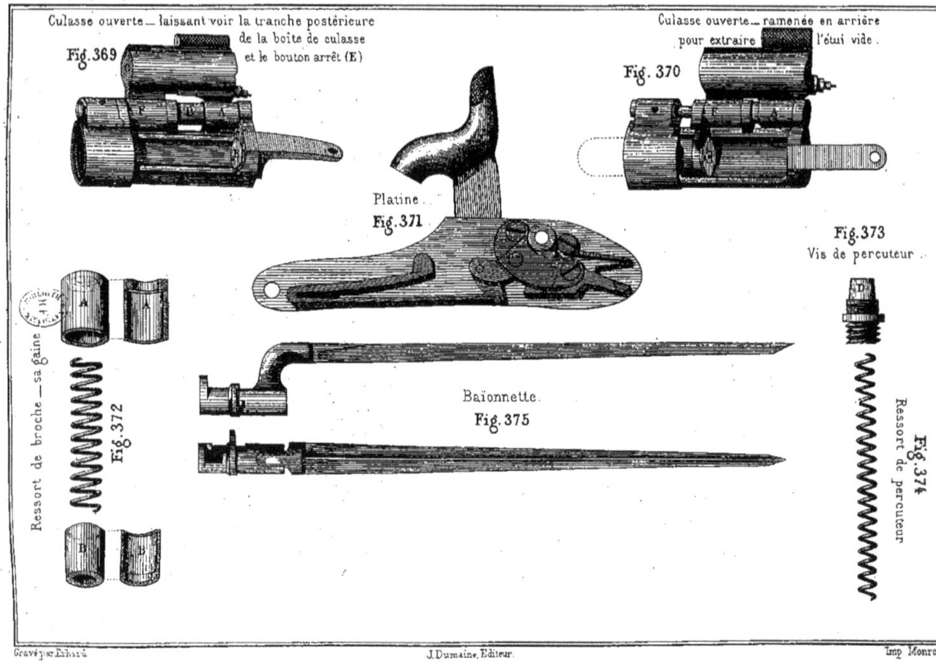

Gravé par Erhard J. Dumaine, Éditeur. Imp. Monrocq

Pl. XLVIII

DANEMARK ET HOLLANDE

PL. IL.

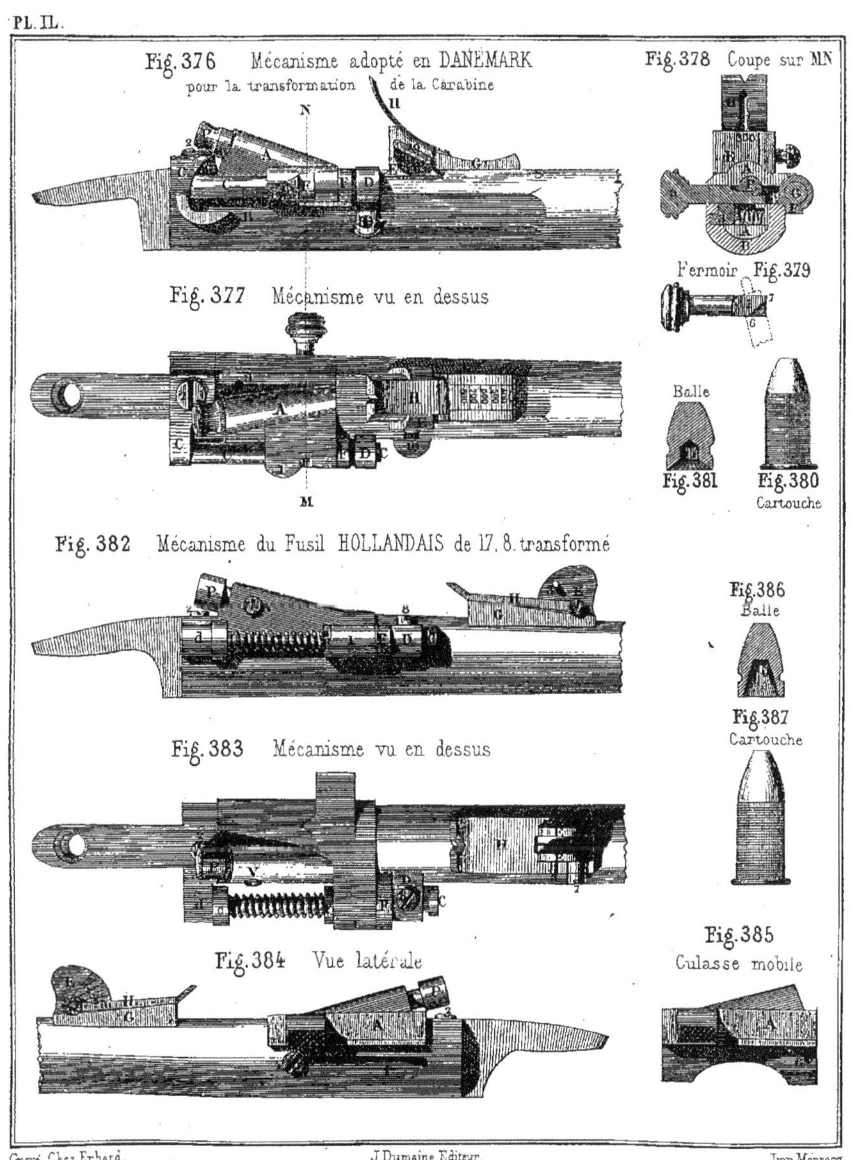

Gravé Chez Erhard. J. Dumaine, Editeur. Imp. Monrocq

AUTRICHE

PL. I.

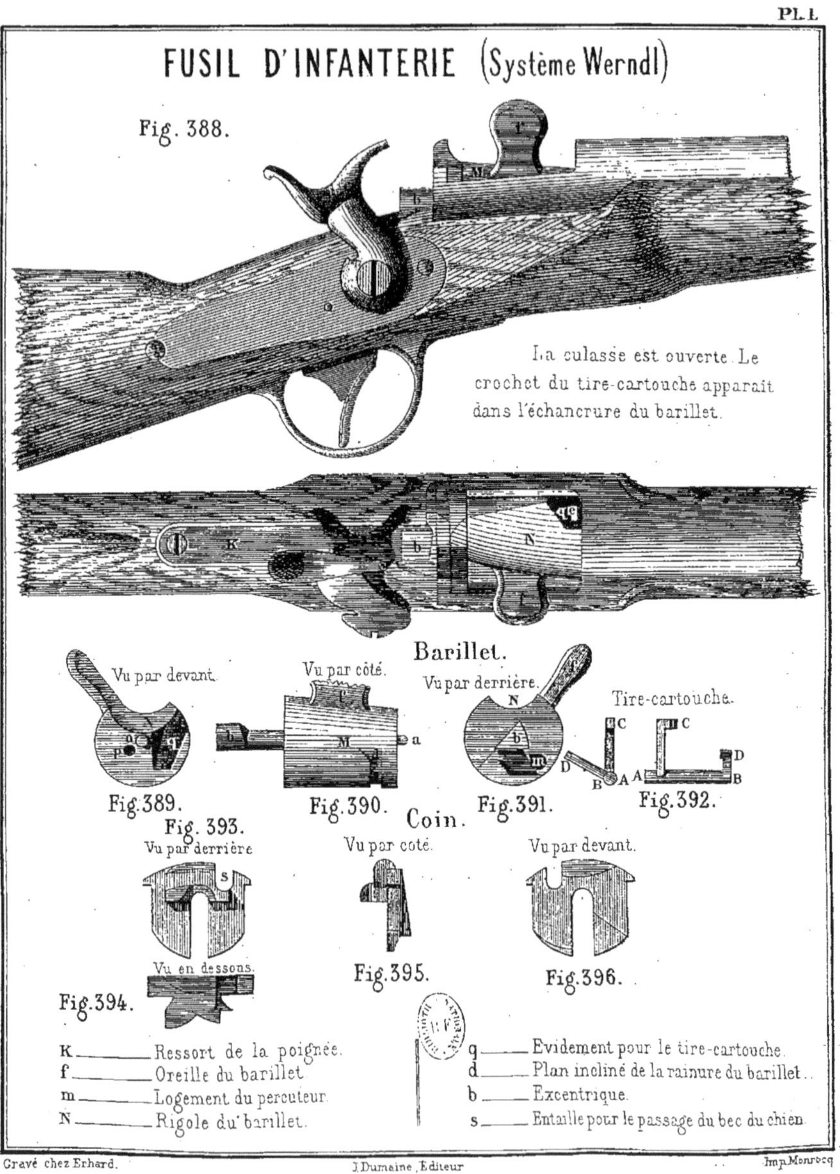

Gravé chez Erhard. J. Dumaine, Editeur Imp. Monrocq

PORTUGAL.

PL. LI.

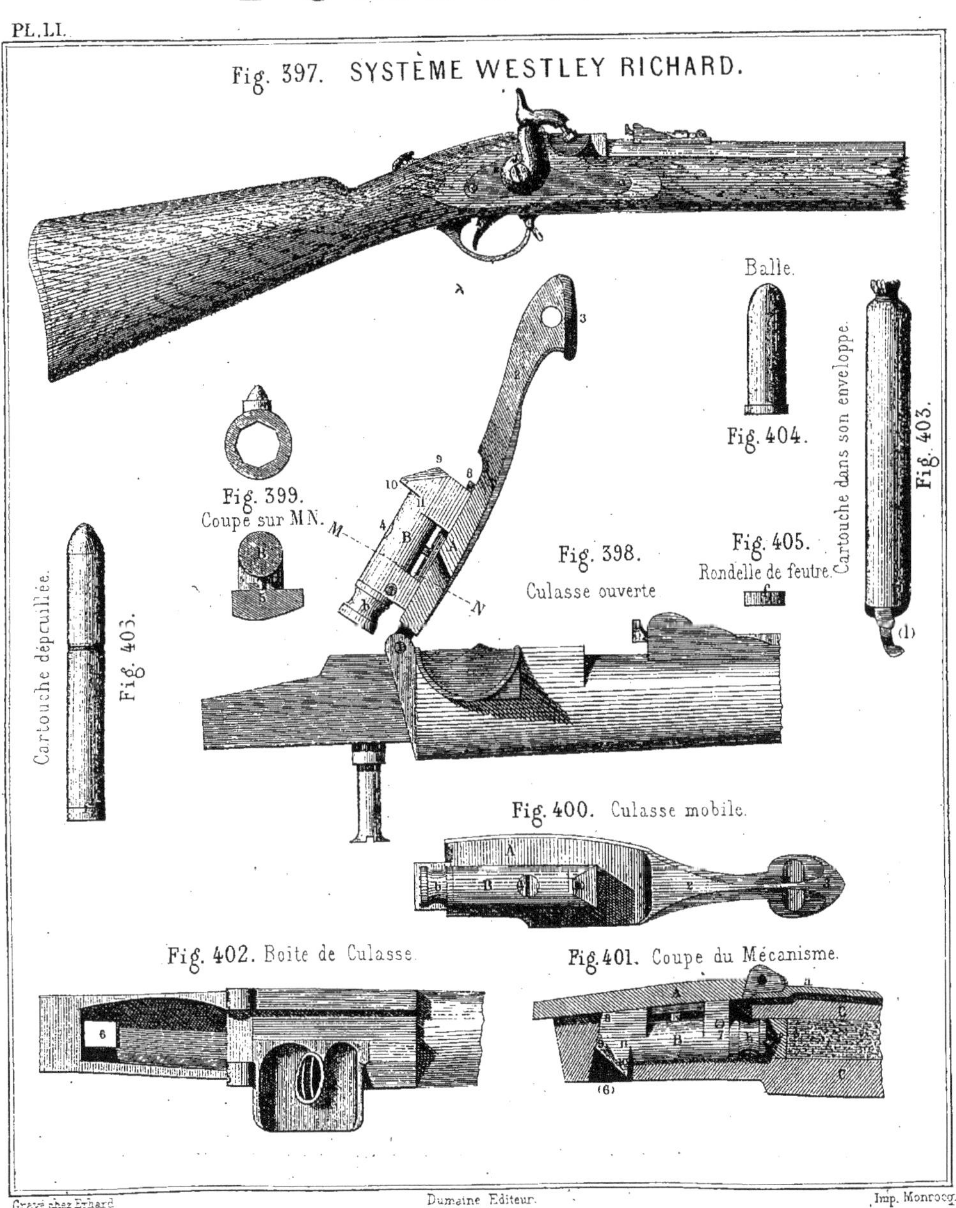

Gravé chez Erhard — Dumaine Editeur. — Imp. Monrocq.

AUTRICHE

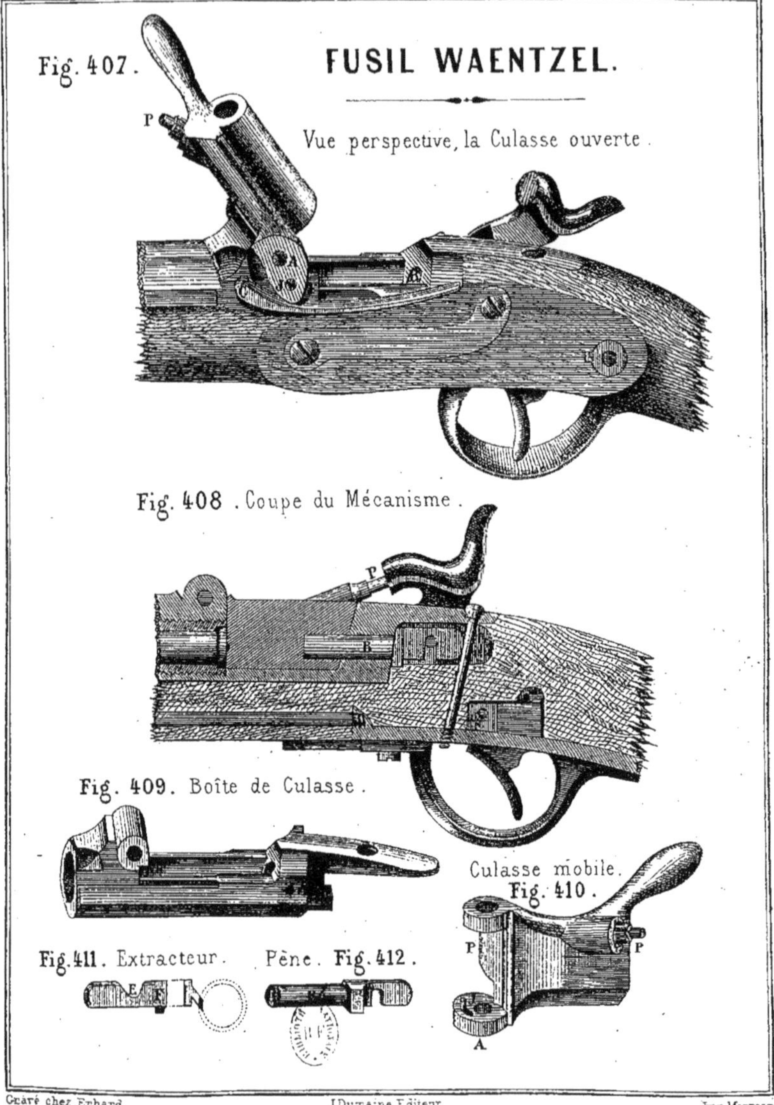

Gravé chez Erhard. J. Dumaine, Editeur. Imp. Monrocq

BELGIQUE.

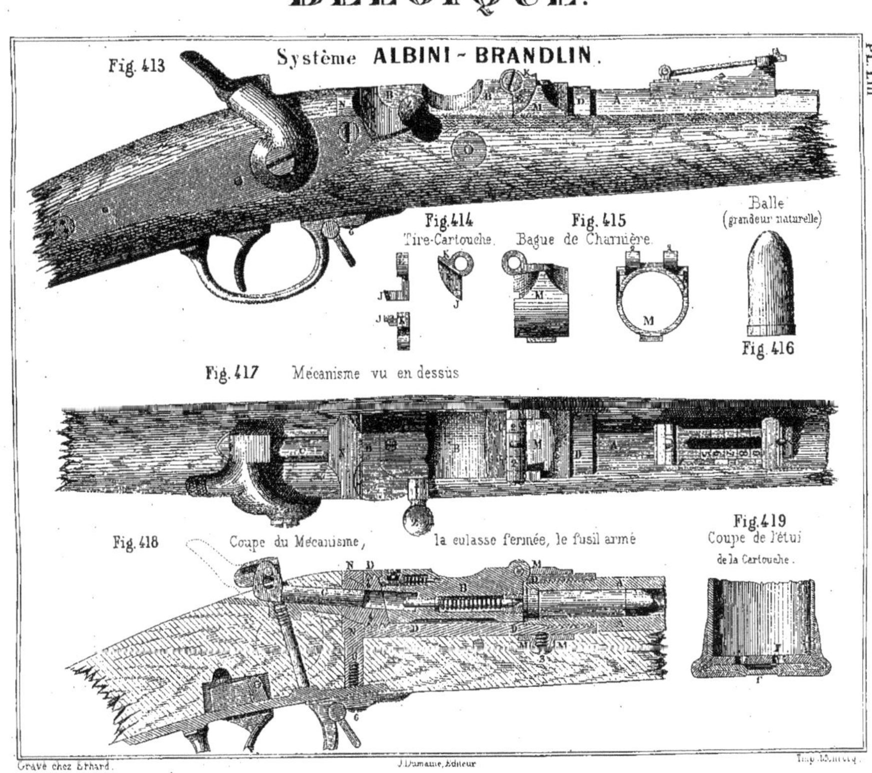

Gravé chez Erhard. J. Dumaine, Éditeur

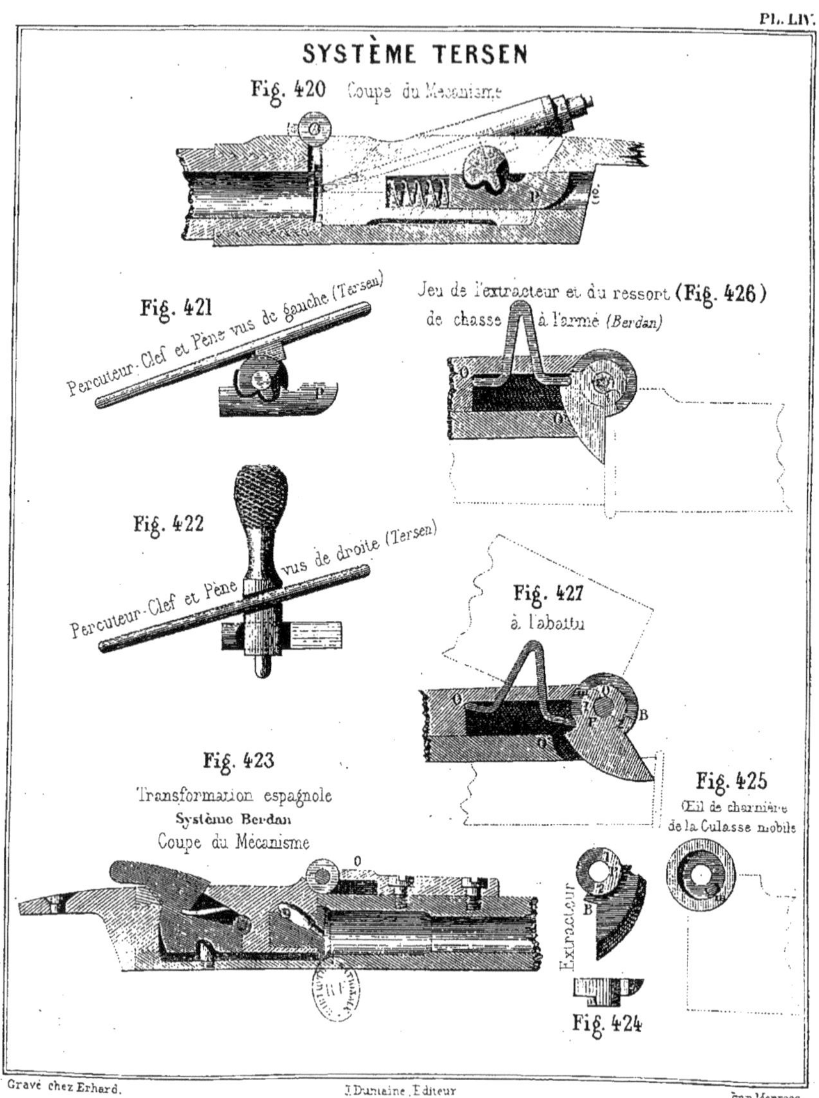

Gravé chez Erhard. J. Dumaine, Éditeur Imp. Monrocq

ÉTATS-UNIS.

PL. LV.

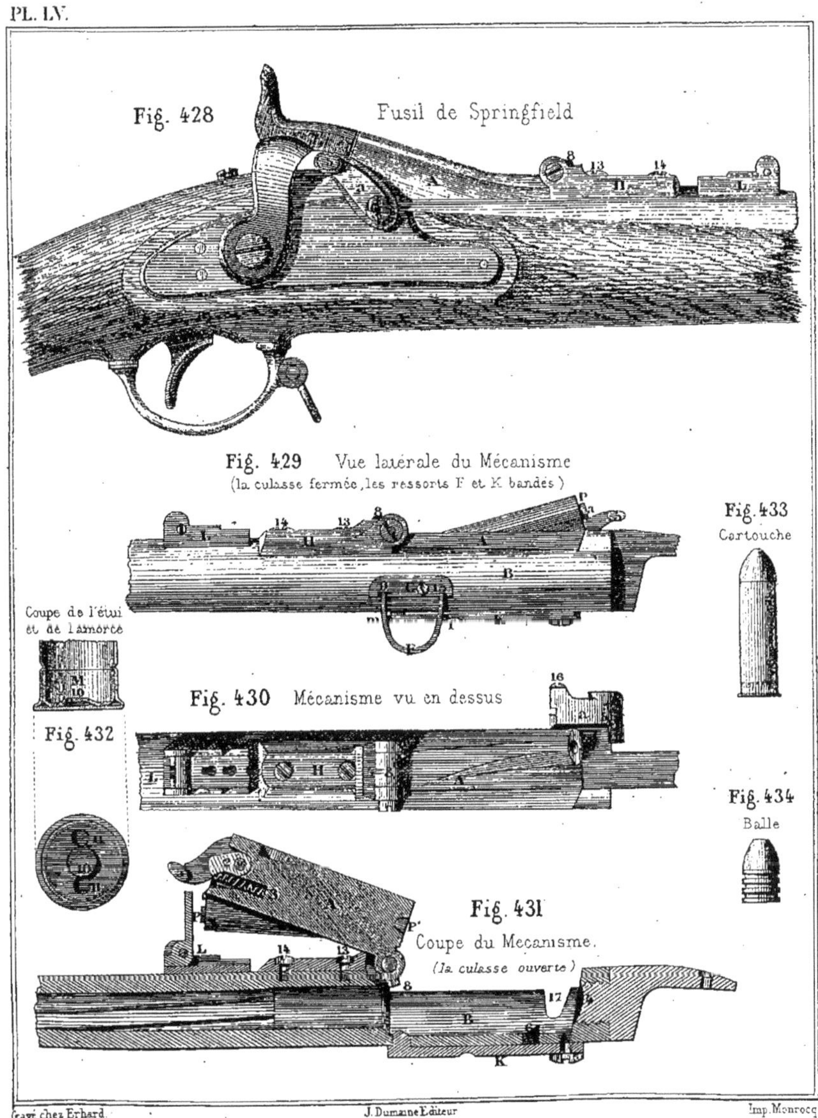

Gravé chez Erhard. J. Dumaine Editeur Imp. Monrocq

SUISSE

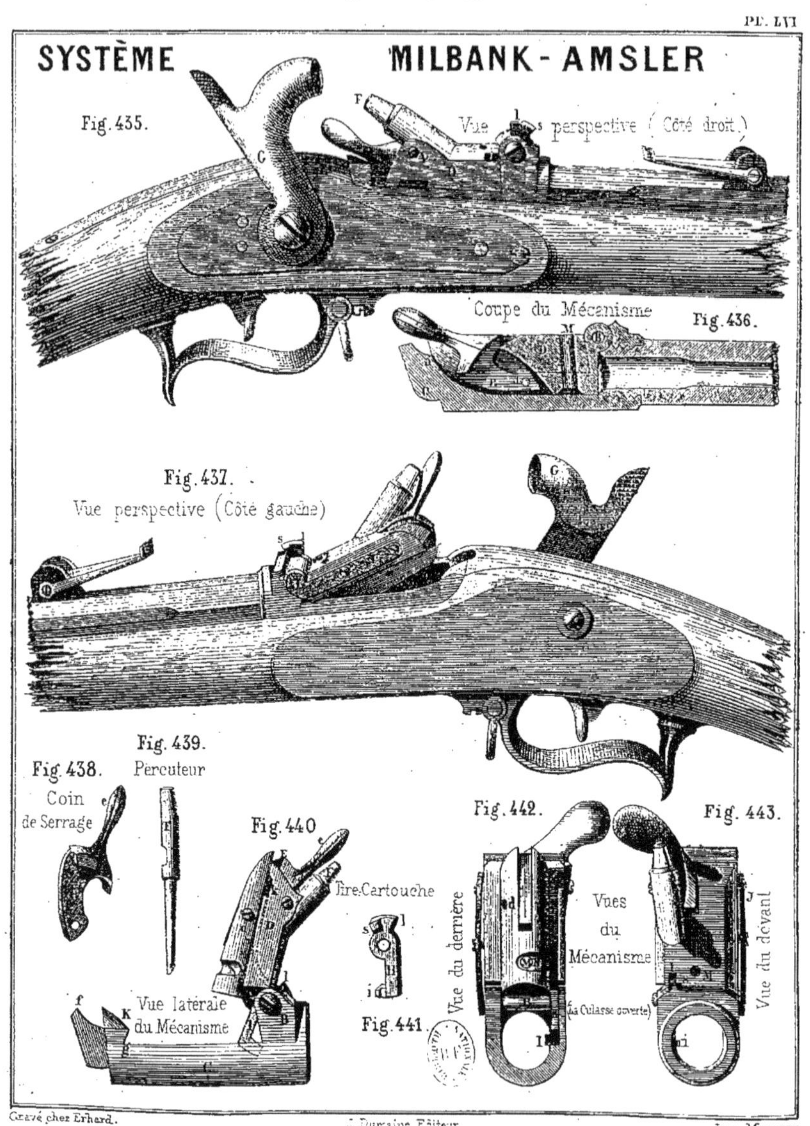

Gravé chez Erhard. J. Dumaine, Éditeur Imp. Monrocq

AMÉRIQUE.

PL. LVII

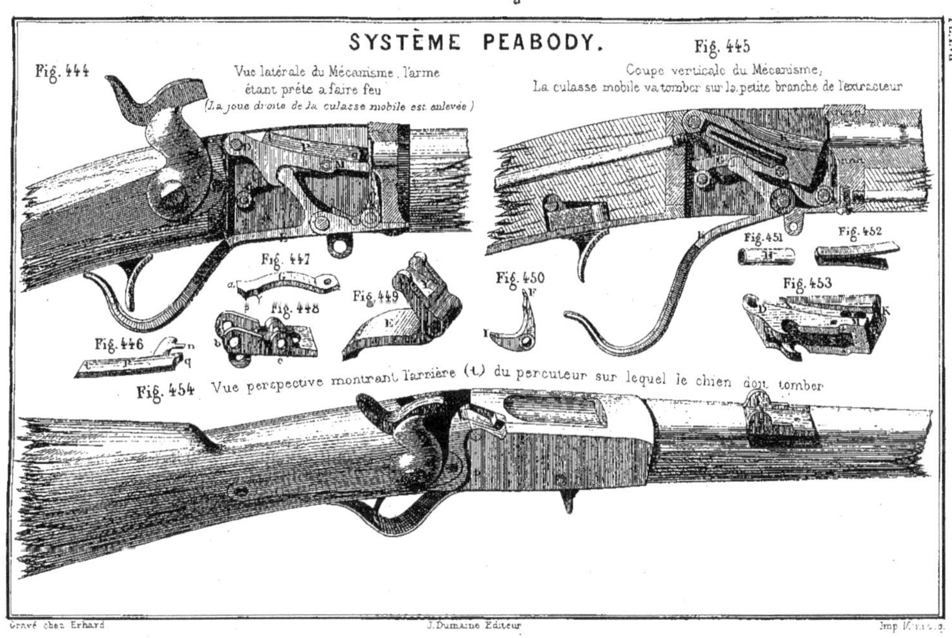

Gravé chez Erhard — J. Dumaine Éditeur — Imp. [illegible]

ANGLETERRE

SYSTÈME MARTINI-HENRY

Pl. LVIII

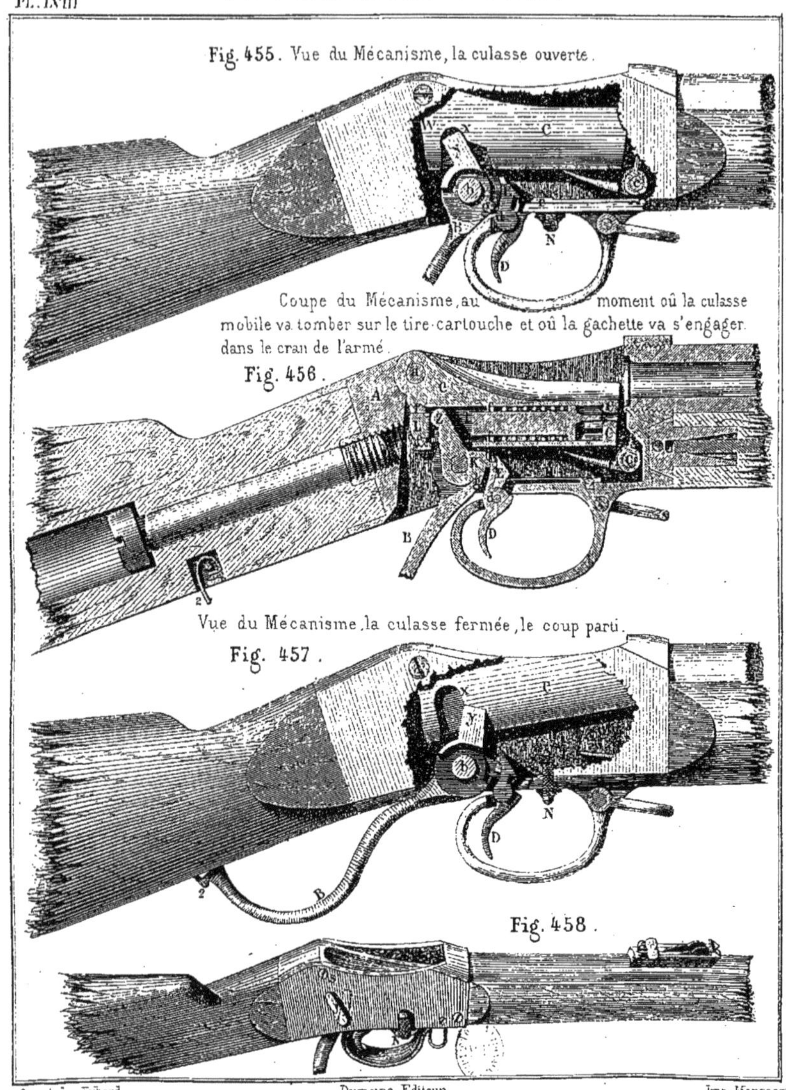

Gravé chez Erhard Dumaine Editeur. Imp. Monrocq.

ANGLETERRE

SYSTÈME MARTINI-HENRY

PL. LIX.

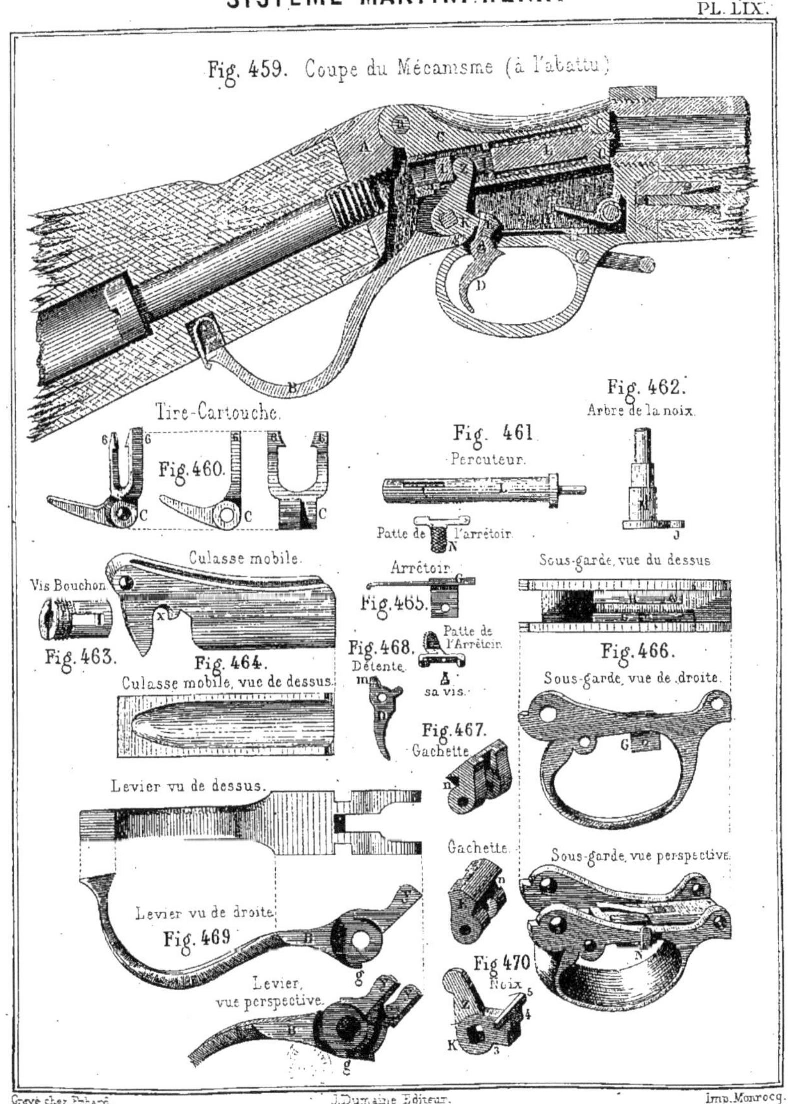

Gravé chez Erhard. J. Dumaine, Éditeur. Imp. Monrocq.

BAVIÈRE.

SYSTÈME WERDER.

PL. LX

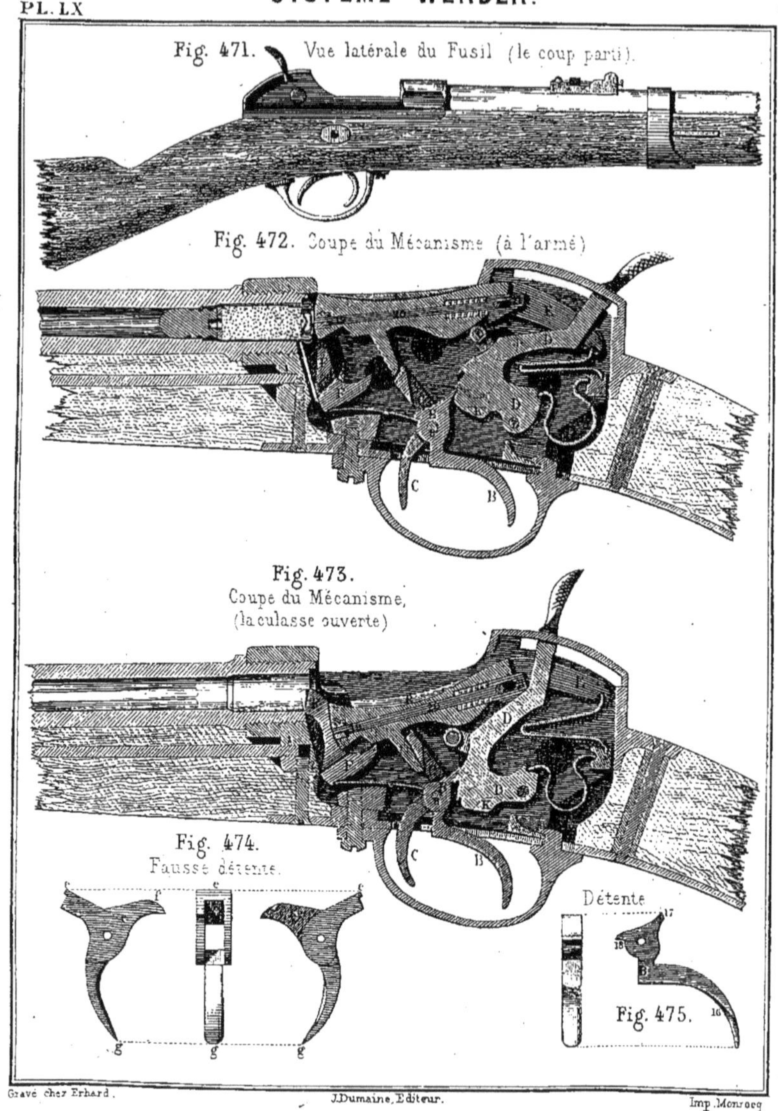

Fig. 471. Vue latérale du Fusil (le coup parti).

Fig. 472. Coupe du Mécanisme (à l'armé)

Fig. 473. Coupe du Mécanisme, (la culasse ouverte)

Fig. 474. Fausse détente.

Fig. 475.

Gravé chez Erhard. J. Dumaine, Editeur. Imp. Monrocq

BAVIÈRE

SYSTÈME WERDER.

PL. LXI

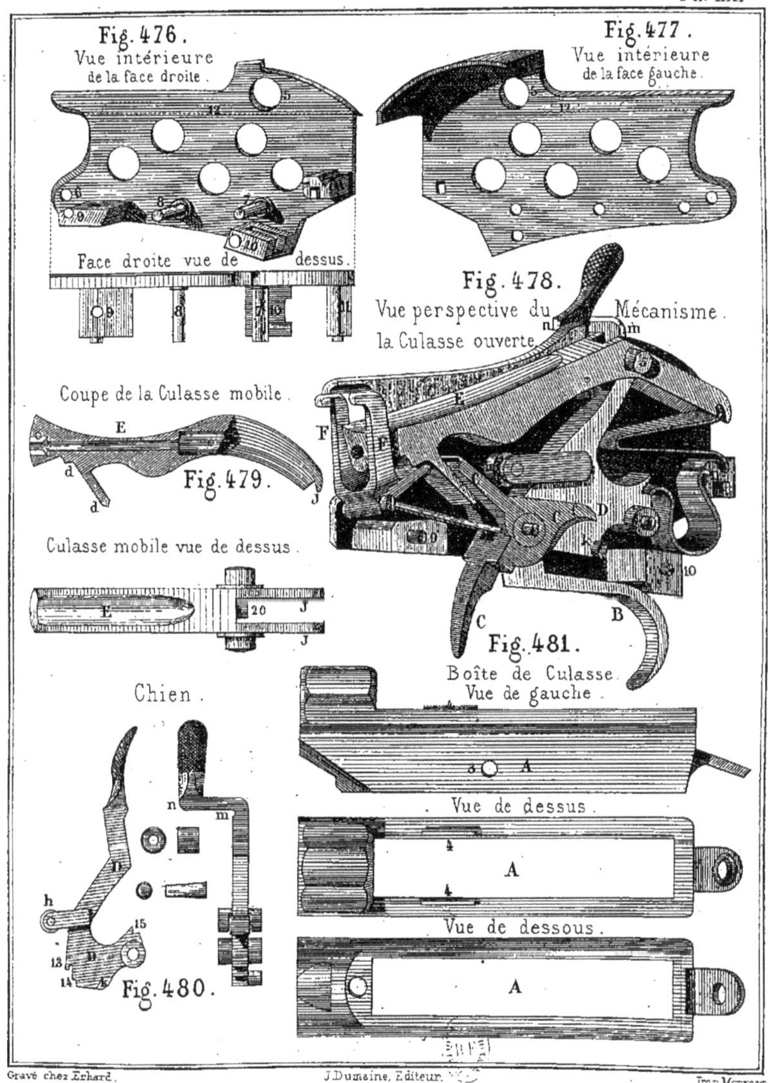

Gravé chez Erhard. J. Dumaine, Éditeur. Imp. Monrocq.

FUSIL REMINGTON.

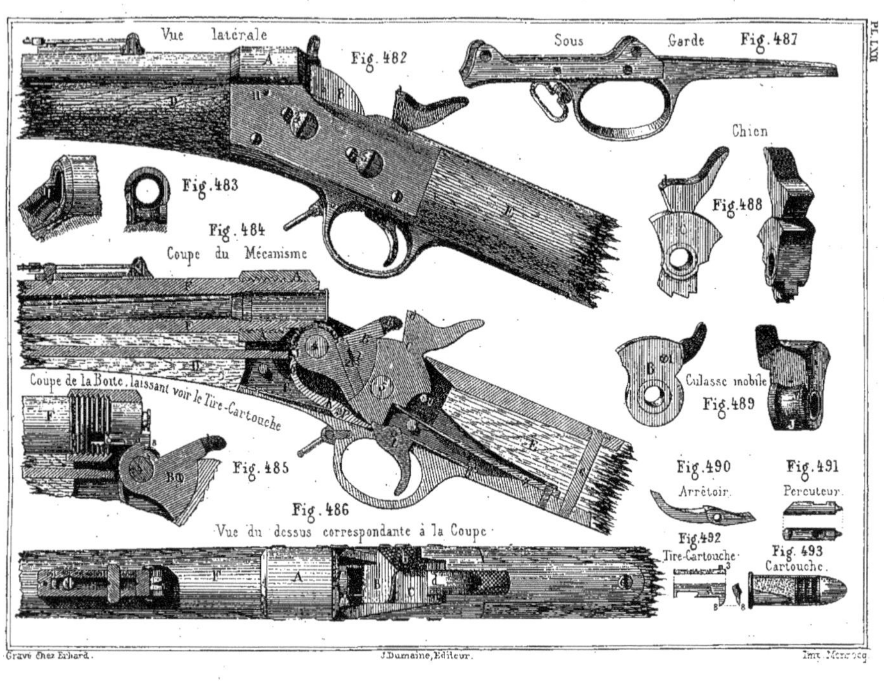

Gravé chez Erhard. J. Dumaine, Editeur. Imp. Monrocq.

FUSIL REMINGTON

à percussion centrale

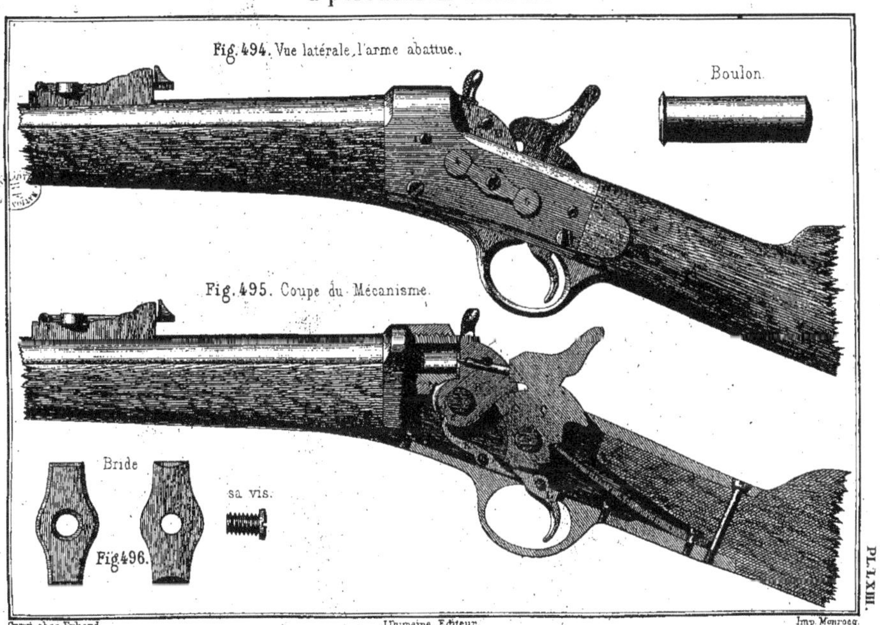

Gravé chez Erhard
J. Dumaine, Editeur.
Imp. Monrocq.

NORWÈGE.

PL. LXIV

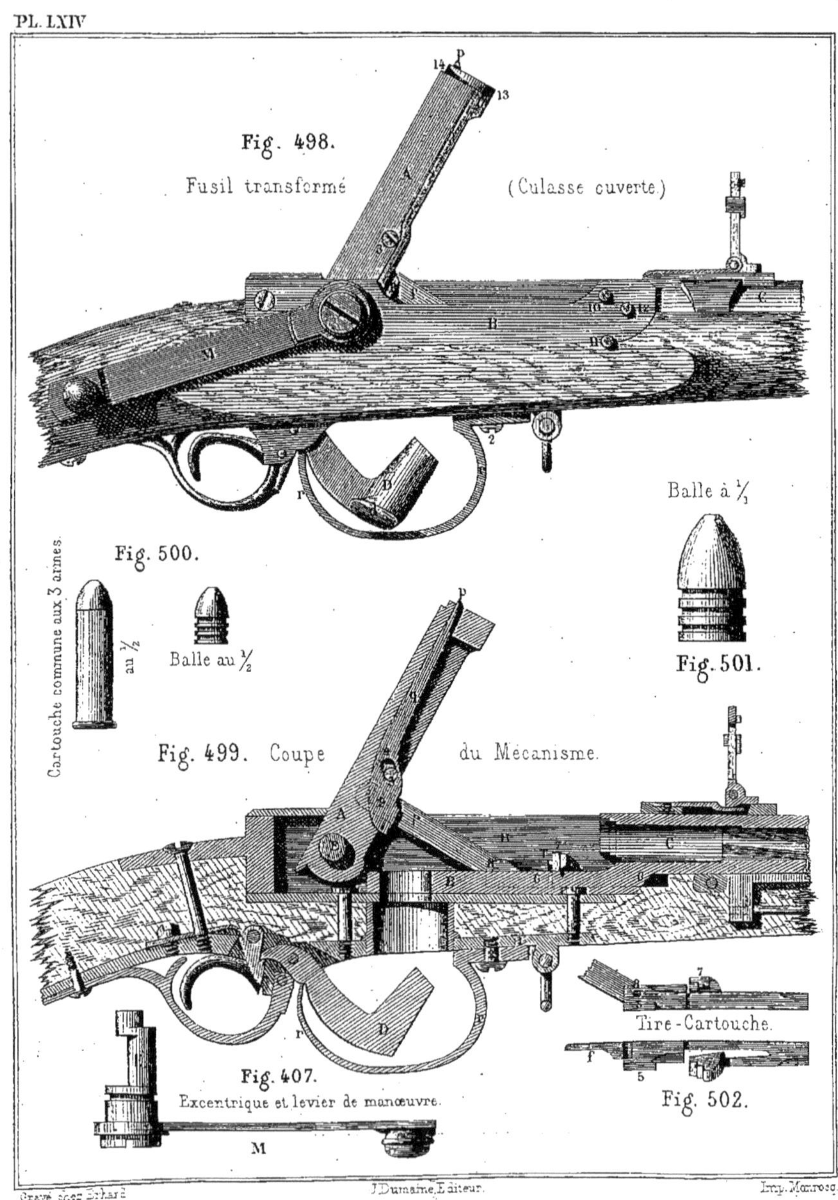

Gravé chez Erhard J. Dumaine, Editeur. Imp. Monrocq.

SYSTÈME SPENCER.

Pl. LXV.

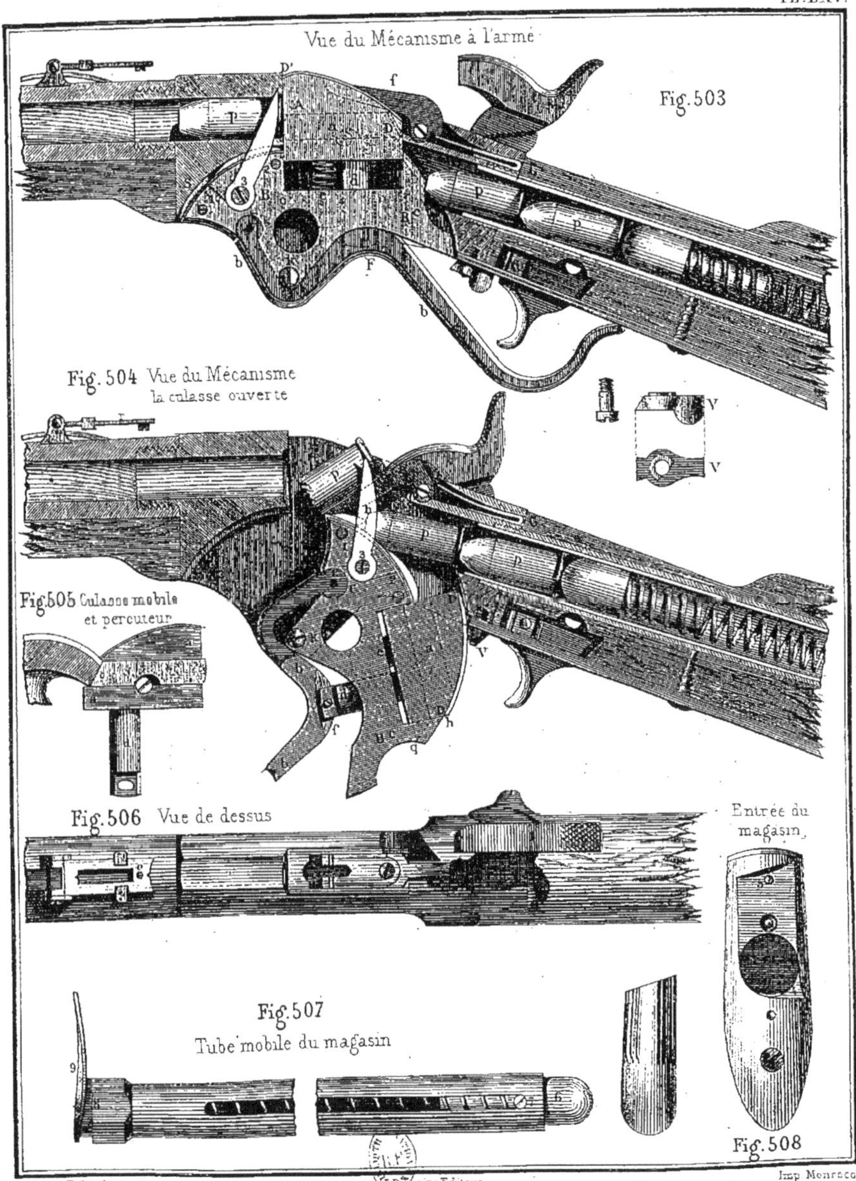

Gravé chez Erhard
J. Dumaine Editeur.
Imp. Monrocq

SYSTÈME HENRY WINCHESTER

PL. LXVI

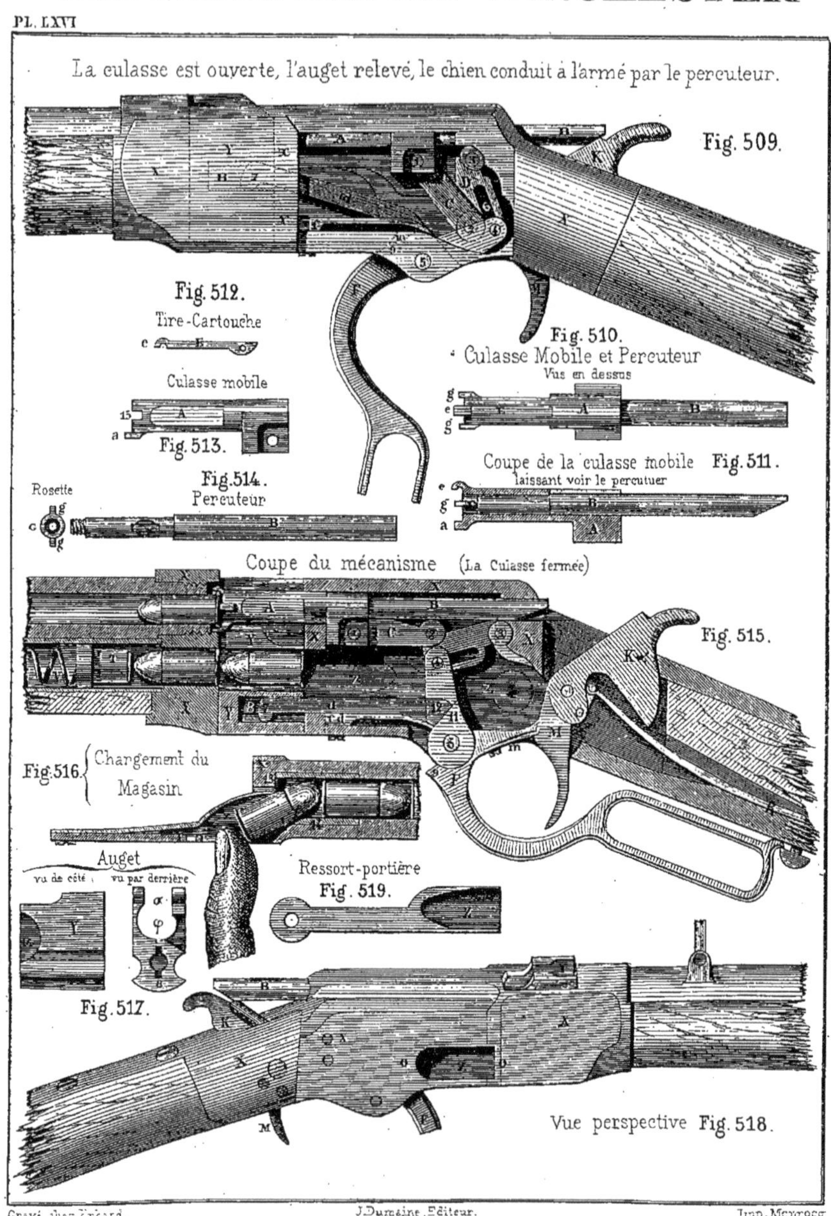

Gravé chez Erhard. J. Dumaine, Éditeur. Imp. Monrocq

SUISSE.

PL. LXVII.

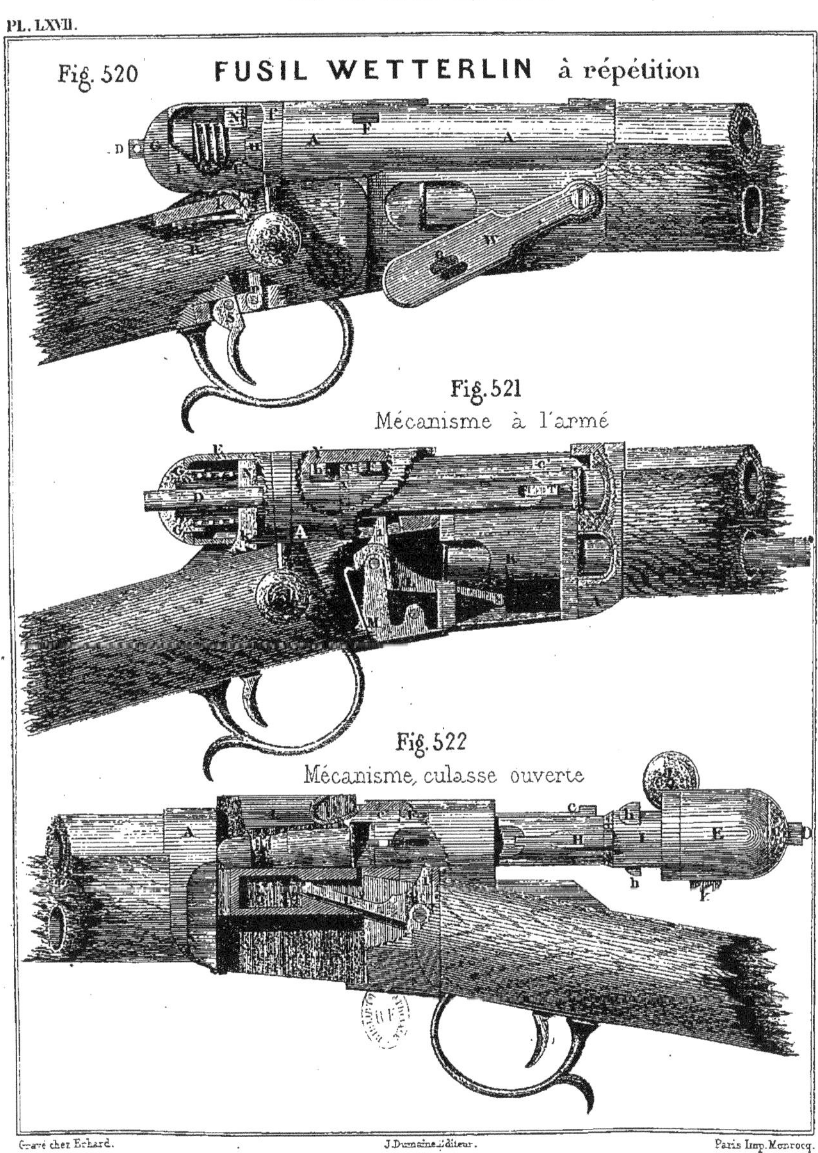

Fig. 520 FUSIL WETTERLIN à répétition

Fig. 521 Mécanisme à l'armé

Fig. 522 Mécanisme, culasse ouverte

Gravé chez Erhard. J. Dumaine, Éditeur. Paris Imp. Monrocq.

SUISSE

PL. LXVIII

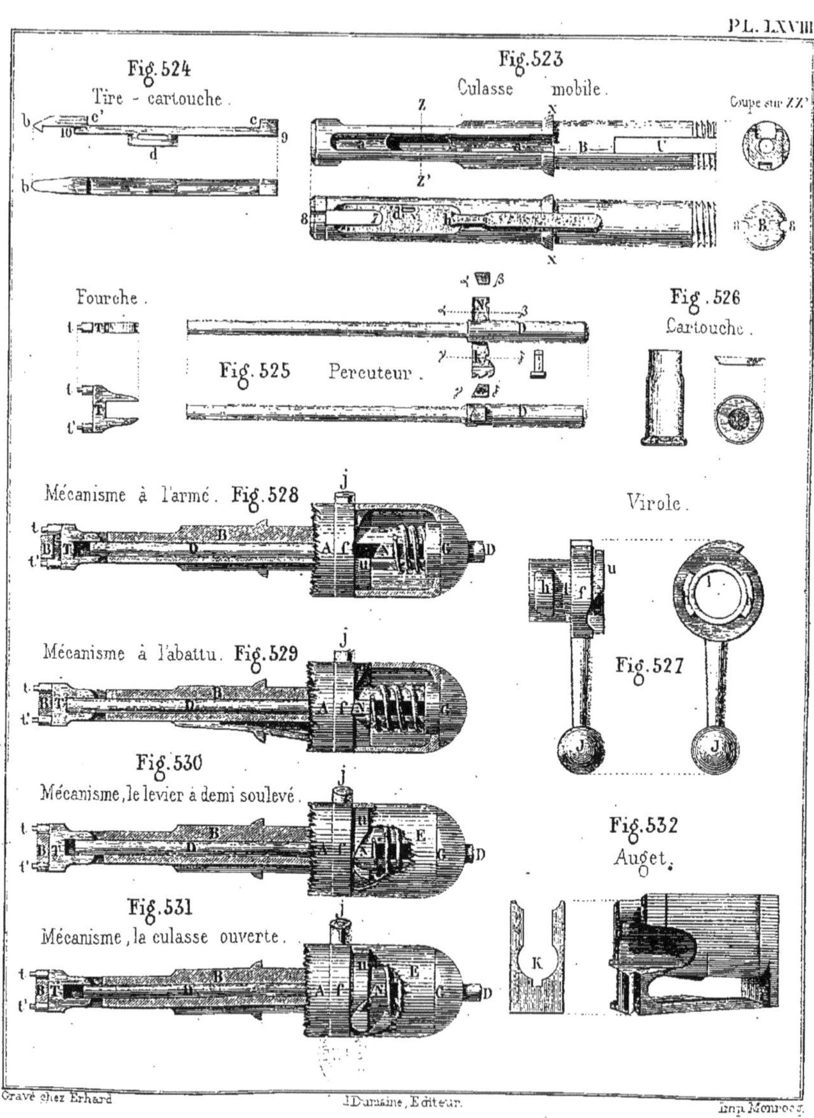

Gravé chez Erhard J. Dumaine, Editeur. Imp. Monrocq

SYSTÈME SMITH ET WESSON.

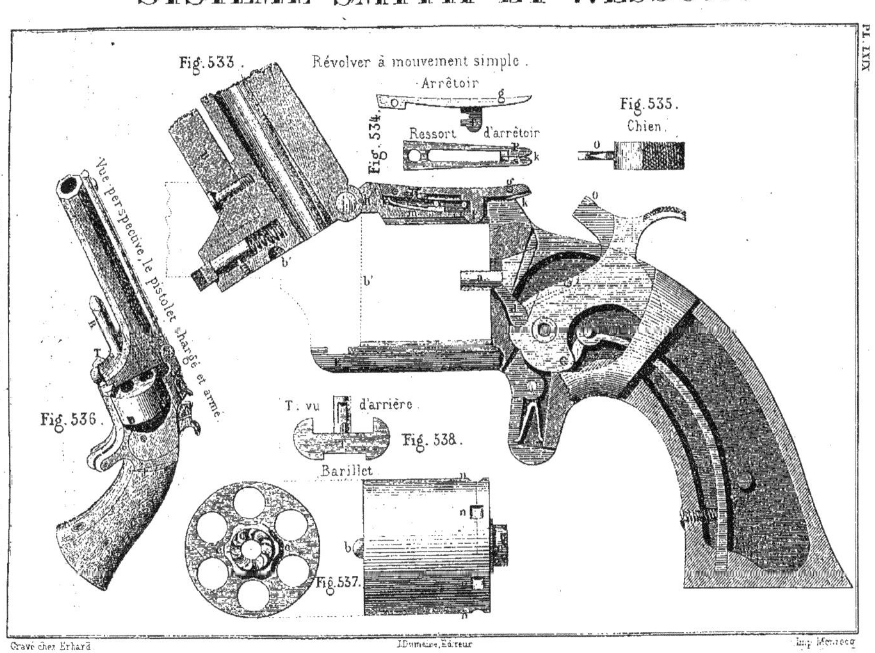

Gravé chez Erhard J. Dumaine, Éditeur Imp. Monrocq

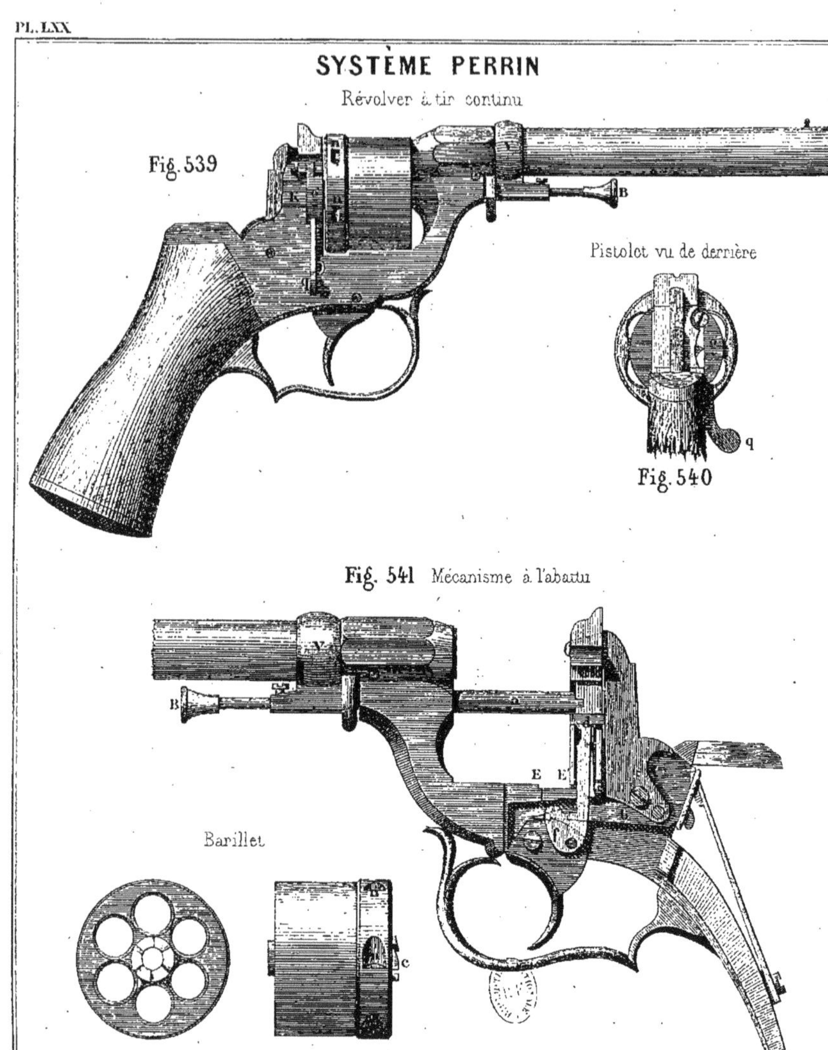

Gravé chez Erhard
J. Dumaine Editeur
Imp. Monrocq

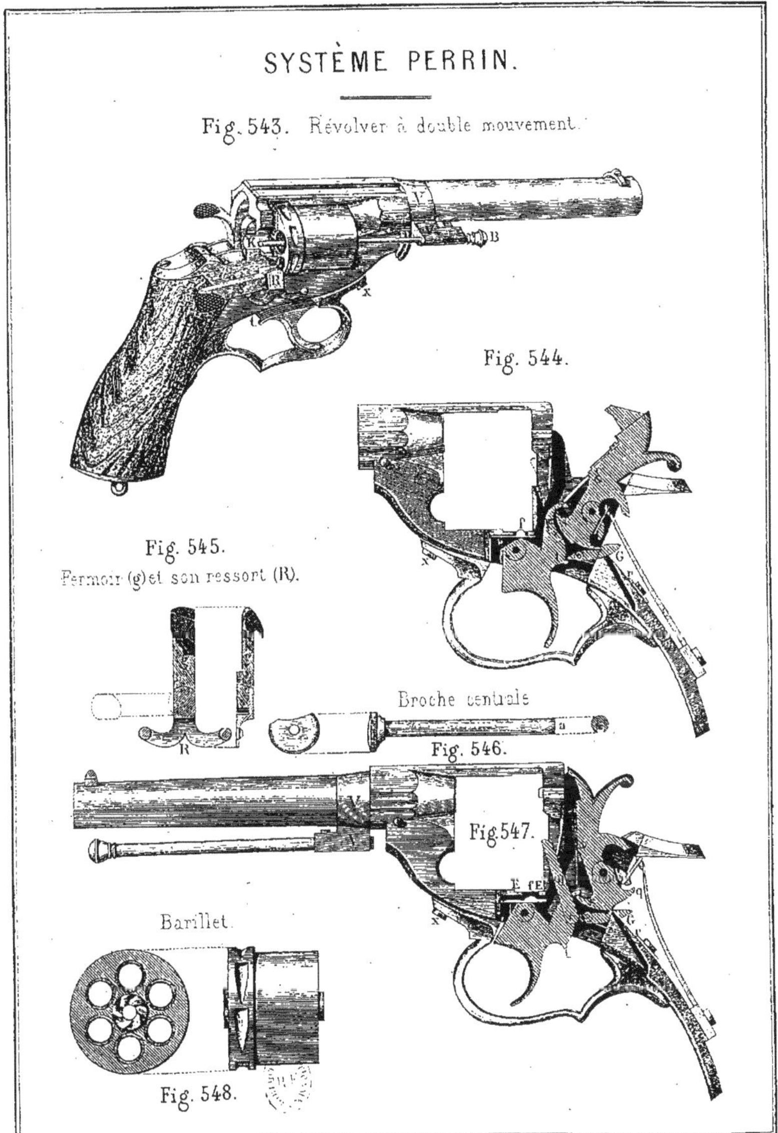

Gravé chez Erhard. J. Dumaine, Éditeur Imp. Monrocq.

SYSTÈME DELVIGNE.

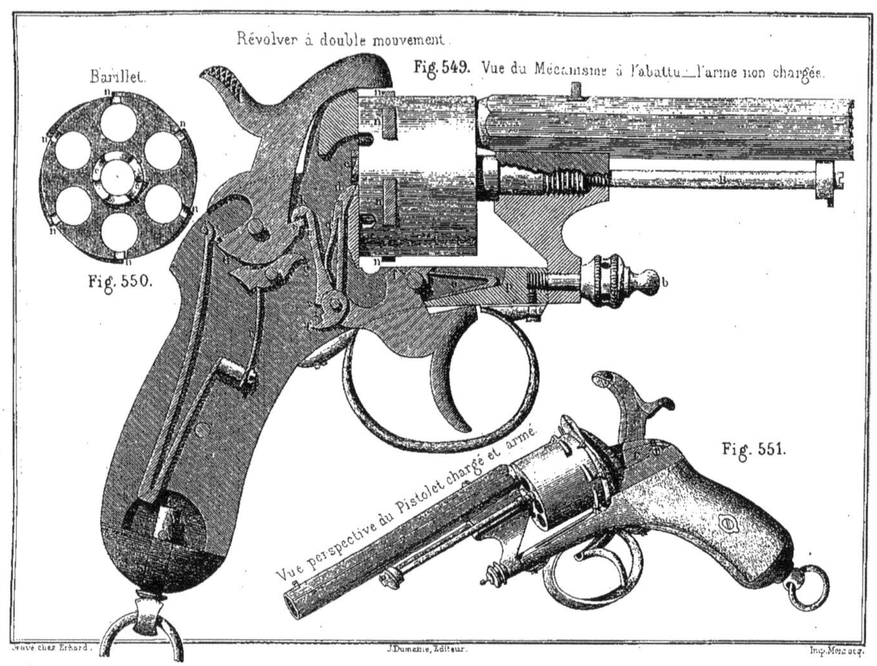

Gravé chez Erhard. J. Dumaine, Éditeur. Imp. Mercier.

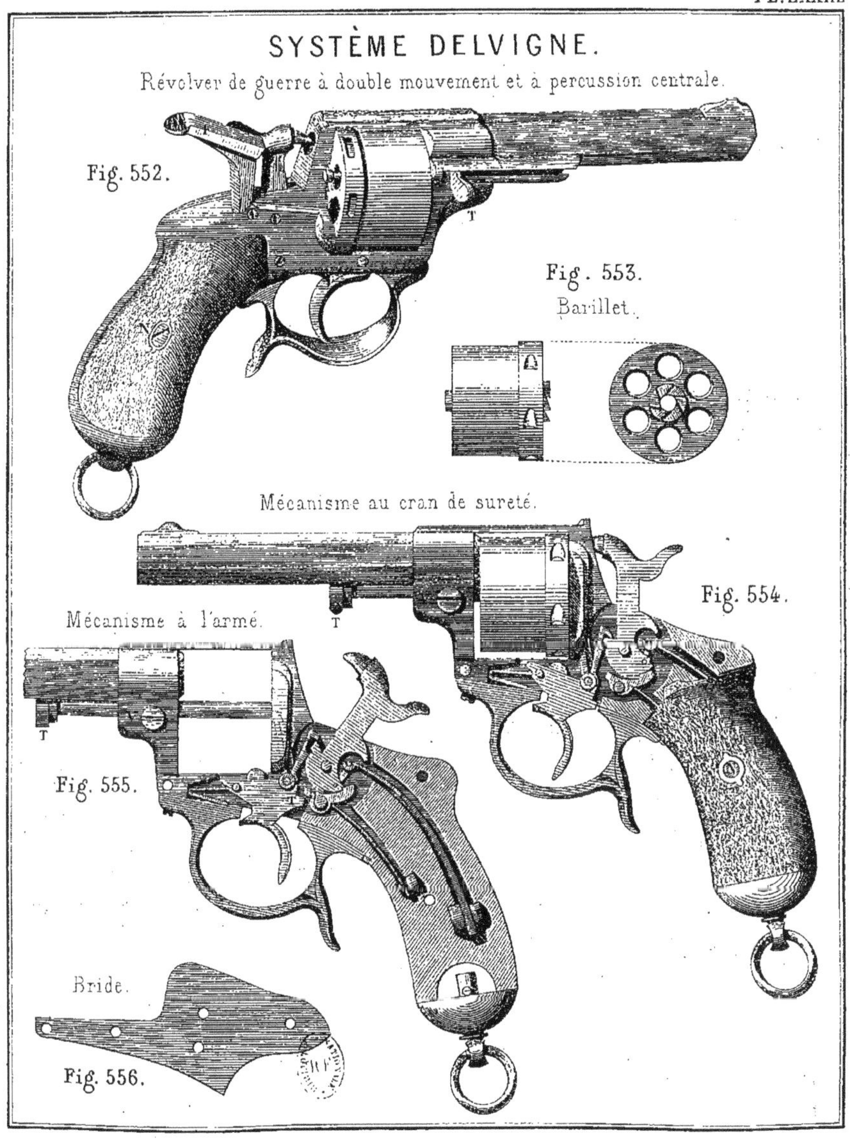
SYSTÈME DELVIGNE.
Révolver de guerre à double mouvement et à percussion centrale.
Fig. 552.
T
Fig. 553.
Barillet.
Mécanisme au cran de sureté.
Fig. 554.
T
Mécanisme à l'armé.
T
Fig. 555.
Bride.
Fig. 556.

PL. LXXIV.

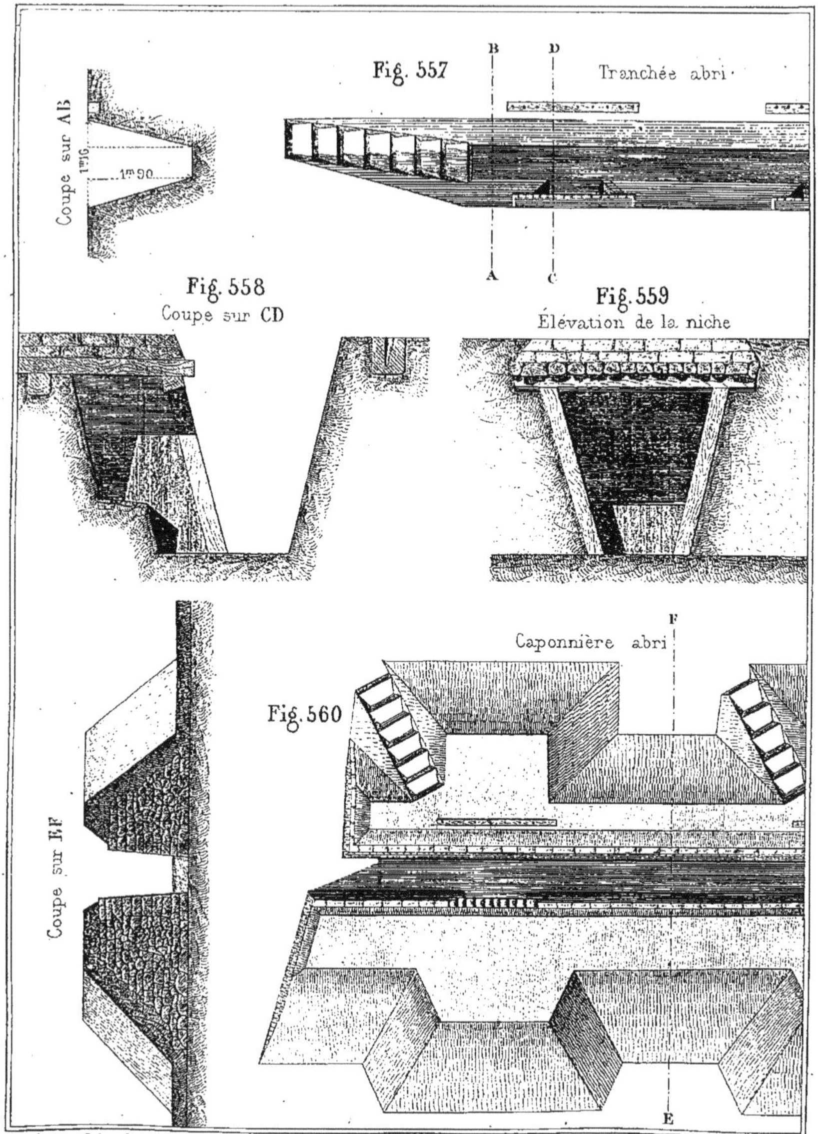
Fig. 557
Tranchée abri
B
D
A
C
Coupe sur AB
1m16
1m90
Fig. 558
Coupe sur CD
Fig. 559
Élévation de la niche
Fig. 560
Caponnière abri
F
E
Coupe sur EF

Gravé chez Erhard. J. Dumaine Éditeur Imp. Monrocq.

Fig. 561

Profil d'une caponnière abri gabionnée

Fig. 562

Tranchée abri à bords surélevés

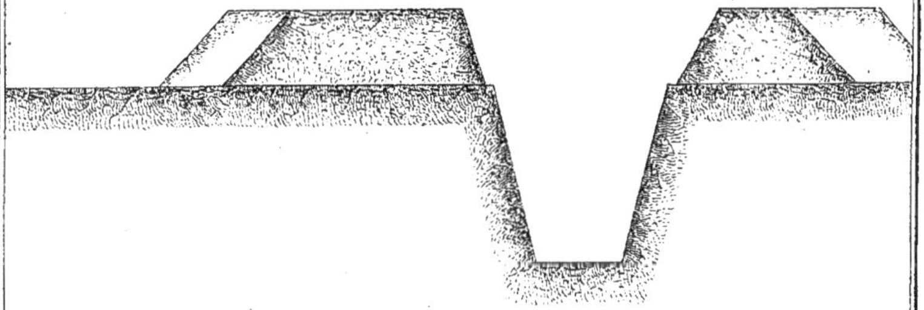

Fig. 563

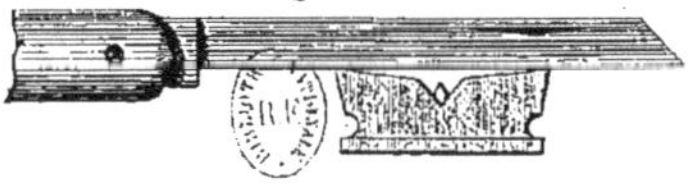

Gravé chez Erhard

J. Dumaine Editeur

Imp. Monrocq

CIBLES.

PL. LXXVI.

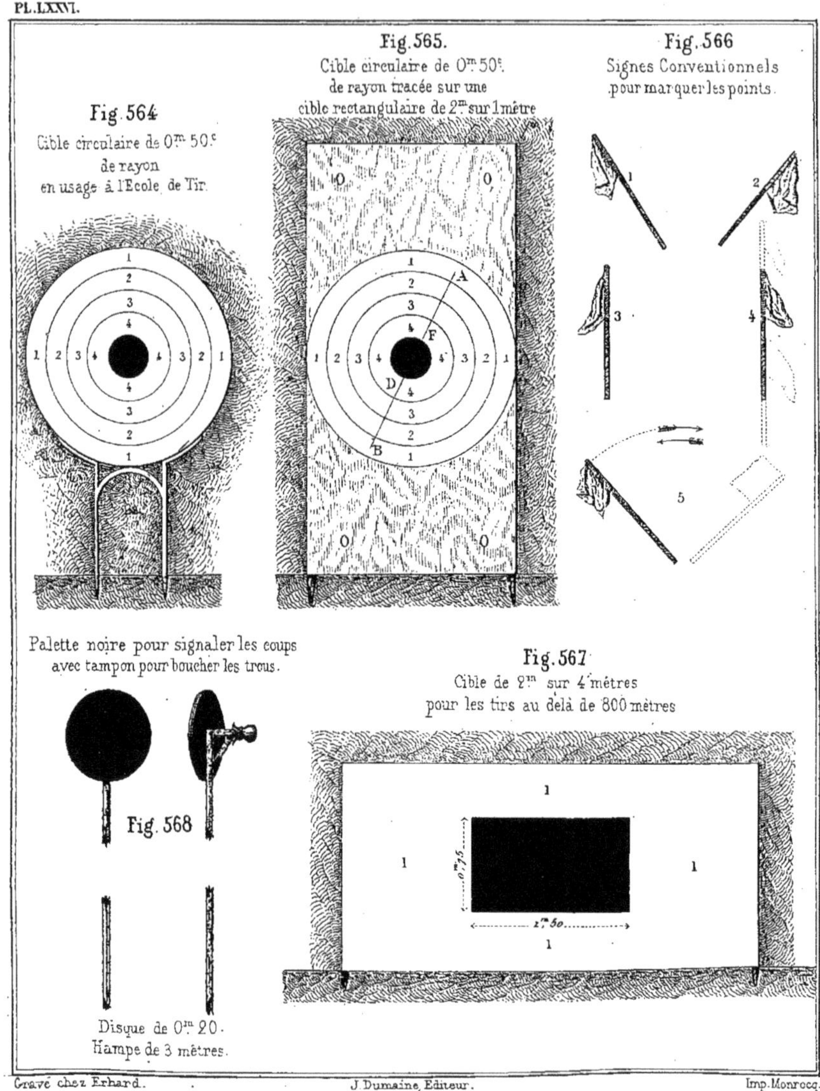

Gravé chez Erhard. J. Dumaine, Editeur. Imp. Monrocq.

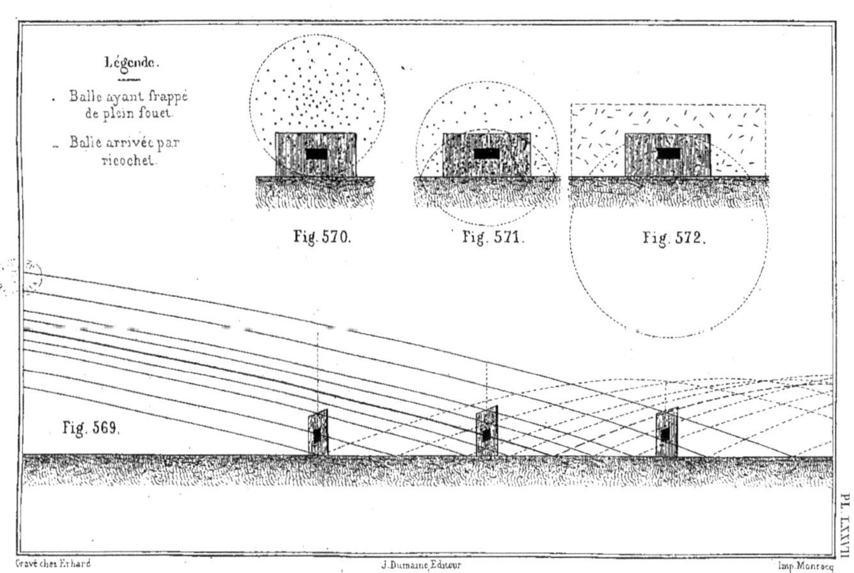

Gravé chez Erhard — J. Dumaine, Éditeur — Imp. Monrocq

PL. LXXVIII.

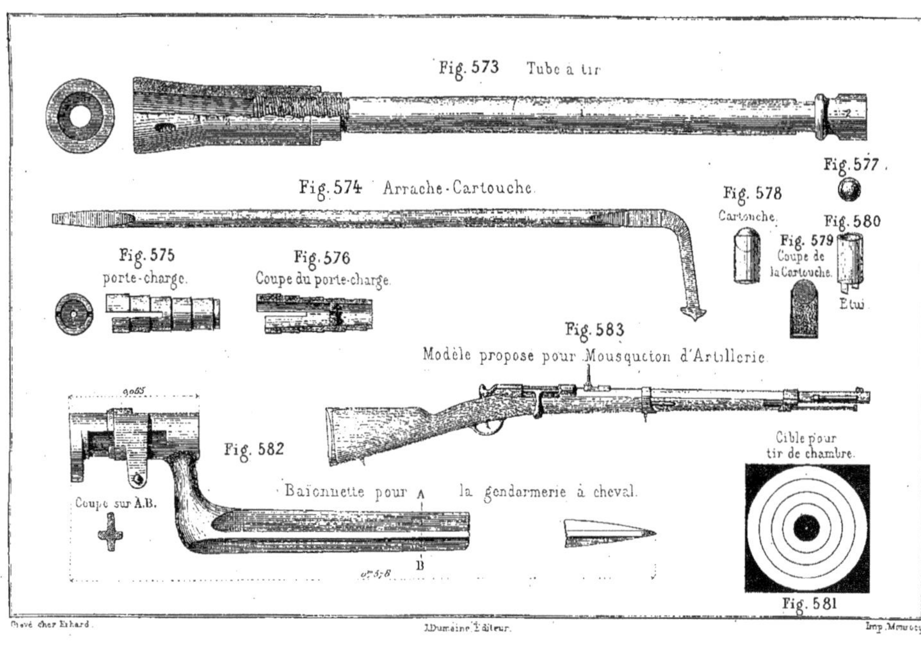

Gravé chez Erhard. J. Dumaine Éditeur. Imp. Monrocq.

TABLE DES HAUSSES TOTALES COMPARATIVES

DE MINUTE EN MINUTE

USAGE DE LA TABLE

(Voir page 108).

1° *Un angle de mire étant donné en degrés et minutes, trouver la hausse totale comparative qui mesure cet angle.*

Règle. — Prendre dans la colonne verticale ayant pour *en-tête* le nombre de degrés donné, la quantité qui est sur la ligne horizontale correspondant au nombre de minutes donné. Cette grandeur est la hausse cherchée exprimée en millimètres.

Exemple. — Trouver la hausse totale comparative qui mesure un angle de mire de 4° 17′.

Réponse. — 74^{mm},90, nombre qui se trouve sur la colonne verticale ayant pour *en-tête* 4° et sur l'horizontale marquée 17′.

2° *Un angle de mire étant donné en degrés et minutes, trouver la hausse totale qui mesure cet angle, pour une arme ayant une longueur de ligne de mire donnée.*

Règle. — Chercher d'abord la hausse totale comparative qui mesure cet angle et réduire le nombre trouvé proportionnellement à la longueur de la ligne de mire (voir page 107).

Exemple. — Trouver la hausse totale qui mesure un angle de mire de 4° 17′, la distance de la hausse au guidon étant de 0^{m},70.

Réponse. — La hausse totale comparative qui mesure cet angle est de 74^{mm},90 (voir 1°) ; il reste à réduire cette grandeur dans le rapport de 0^{m},70 à 1 mètre. La hausse cherchée sera donc de 74^{mm},90 $\times \frac{0,7}{1}$ = 74^{mm},9 $\times$ 0,7 = 52^{mm}, 43.

La hausse cherchée est 52^{mm},43.

3° *Quelle est, en degrés et minutes, la valeur d'un angle de mire mesuré par une hausse totale comparative donnée.*

Règle. — Chercher dans la table le nombre qui se rapproche le plus de la hausse donnée ; prendre l'en-tête de la colonne verticale et le numéro de la ligne horizontale sur lesquelles se trouve le nombre choisi. L'en-tête donne le nombre des degrés de la valeur cherchée ; le numéro de la ligne est le nombre de minutes qui complète l'expression.

Exemple. — Exprimer en degrés et minutes l'angle de mire mesuré par une hausse totale comparative de 165^{mm},30.

Réponse. — Le nombre du tableau qui se rapproche le plus de la hausse donnée est 165^{mm},25. Ce nombre se trouve dans la colonne verticale ayant pour en-tête 9° et sur la ligne horizontale marquée 23′. L'expression cherché est donc : 9° 23′.

4° *Quelle est, en degrés et minutes, la valeur d'un angle de mire mesuré par une hausse de 33^{mm},9, sur une arme dont la longueur de ligne de mire est de 0^{m},60 ?*

Règle. — Chercher d'abord quelle est la hausse totale comparative qui correspond à la hausse donnée ; et, pour cela, diviser cette quantité par la longueur de ligne de mire donnée.

La hausse totale comparative correspondante étant ainsi déterminée, on opérera, pour trouver l'expression en degrés et minutes, comme il vient d'être expliqué ci-dessus.

Exemple. — Une hausse de 33^{mm},9 avec une longueur de ligne de mire de 0,60, a pour hausse totale comparative correspondante la quantité $\frac{33^{mm},9}{0,6}$, = 56^{mm},5.

L'angle de mire mesuré par cette hausse est de 3°,14′.

OBSERVATIONS.

1° *Approximations que peut donner la table.*

Les hausses sont exprimées en millimètres et calculées à moins de 1/2 centième de millimètre près.

Quoique les angles ne varient que de minute en minute, on peut convertir une hausse quelconque en une expression angulaire calculée à une seconde près.

Remarquons, en effet, que, dans les limites de la table, une différence de une minute entre deux angles donne à peu près 0^{mm},30 de différence entre les hausses correspondantes. — Une minute se décomposant en 60 secondes, on voit que 2 secondes de différence entre 2 angles doivent donner 0^{mm},01 de différence entre les hausses correspondantes ; et réciproquement.

Ceci posé, supposons qu'on cherche la hausse qui correspond à un angle de.

7° 15′ et 18″

On trouvera d'abord dans la table que la hausse de 127^{mm},22 correspond à l'angle de 7°,15′. — Pour avoir une valeur encore plus approchée, il faut ajouter à ce nombre la longueur de hausse qui correspond à 18″. Cette longueur, calculée à raison de 0^{mm},01 pour 2 secondes, est de 0^{mm},09.

La hausse exacte est donc de 127,22
+0,09
= 127,31

Réciproquement, cherchons l'angle qui correspond à une hausse de 98^{mm},22.

D'après la table, l'angle de 5° 36′ correspond à la hausse de 98^{mm},05. Reste à trouver le nombre de secondes qui correspond à la différence 98^{mm},22 — 98^{mm},05 = 0^{mm},17.

D'après ce qui a été dit précédemment, ce nombre est de 17 $\times$ 2 = 34.

L'expression angulaire cherchée est donc

5° 36′ et 34″

La table des hausses ci-contre permet donc d'opérer des conversions de hausse en expressions angulaires, et réciproquement, en obtenant une approximation de 1/2 centième de millimètre pour les hausses et de une seconde pour les angles.

Cette approximation est bien supérieure à la précision des instruments dont on se sert pour mesurer les hausses ou pour les graduer ; ces instruments ne permettent pas de tenir compte d'une quantité inférieure à 1/10 millimètre. Une plus grande précision serait d'ailleurs sans but pour la pratique du tir.

2° *Les limites de la table dépassent tous les besoins de la pratique.*

L'angle de 10°, 60′ ou de 11°, qui forme la limite de la table est bien supérieur aux angles de mire usuellement employés ; ainsi, avec le fusil modèle 1866, cet angle donnerait une portée de 2000 mètres, à peu près.

L'angle de mire déterminé par le cran supérieur de la hausse du même fusil modèle 1866, n'est que de 4°,40′ et il correspond à une portée d'environ 1170 mètres.

TABLE

DES HAUSSES TOTALES COMPARATIVES

DE MINUTE EN MINUTE.

	0°	1°	2°	3°	4°	5°	6°	7°	8°	9°	10°
	millim.	millim.	millim.	millim.	millim.	millim.	millim.	millim.	millim.	millim.	millim.
1'	0,29	17,75	35,21	52,70	70,22	87,78	105,40	123,08	140,84	158,68	176,63
2	0,58	18,04	35,50	52,99	70,51	88,07	105,69	123,38	141,13	158,98	176,93
3	0,87	18,33	35,79	53,28	70,80	88,37	105,99	123,67	141,43	158,98	176,93
4	1,16	18,62	36,09	53,57	71,10	88,66	106,28	123,97	141,43	159,28	177,23
5	1,45	18,91	36,38	53,87	71,39	88,95	106,58	124,26	141,73	159,58	177,53
6	1,74	19,20	36,67	54,16	71,68	89,25	106,87	124,56	142,02	159,88	177,83
7	2,04	19,49	36,96	54,45	71,97	89,54	107,16	124,85	142,32	160,17	178,13
8	2,33	19,78	37,25	54,74	72,27	89,83	107,46	125,15	142,62	160,47	178,43
9	2,62	20,07	37,54	55,03	72,56	90,13	107,75	125,44	142,91	160,77	178,73
10	2,91	20,36	37,83	55,32	72,85	90,42	108,05	125,74	143,21	161,07	179,03
11	3,20	20,66	38,12	55,62	73,14	90,71	108,34	126,03	143,51	161,37	179,33
12	3,49	20,95	38,42	55,91	73,44	91,01	108,63	126,33	143,81	161,67	179,63
13	3,78	21,24	38,71	56,20	73,73	91,30	108,93	126,62	144,10	161,96	179,93
14	4,07	21,53	39,00	56,49	74,02	91,59	109,22	126,92	144,40	162,26	180,23
15	4,36	21,82	39,29	56,78	74,31	91,89	109,52	127,22	144,70	162,56	180,53
16	4.65	22,11	39,58	57,08	74,61	92,18	109,81	127.51	144,99	162,86	180,83
17	4,95	22,40	39,87	57,37	74,90	92,47	110,11	127,81	145,29	163,16	181,13
18	5,24	22,69	40,16	57,66	75,19	92,77	110,40	128,10	145,59	163,46	181,43
19	5,53	22,98	40,46	57,95	75,48	93,06	110,70	128,40	145,88	163,76	181,73
20	5,82	23,28	40,75	58,24	75,78	93,35	110,99	128,69	146,18	164,06	182,03
21	6,11	23,57	41,04	58,54	76,07	93,65	111,28	128,99	146,48	164,35	182,33
22	6,40	23,86	41,33	58,83	76,36	93,94	111,58	129,29	146,78	164,65	182,63
23	6,69	24,15	41,62	59.12	76,65	94,23	111,87	129,58	147,07	164,95	182,93
24	6,98	24,44	41,91	59,41	76,95	94,53	112.17	129,88	147,37	165,25	183,23
25	7,27	24,73	42,20	59,70	77,24	94,82	112,46	130,17	147,67	165,55	183,53
									147,96	165,85	183,83
26'	7,56	25,02	42,49	60,00	77,53	95,11	112,76	130,47	148,26	166,15	184,14
27	7,85	25,31	42,79	60,29	77,82	95,41	113,05	130,76	148,56	166,45	184,44
28	8,14	25,60	43,08	60,58	78,12	95,70	113,35	131,06	148,86	166,74	184,74
29	8,44	25,89	43,37	60,87	78,41	96,00	113,64	131,36	149,15	167,04	185,04
30	8,73	26,19	43,66	61,16	78,70	96,29	113,94	131,65	149,45	167,34	185,34
31	9,02	26,48	43,95	61,46	78,99	96,58	114,23	131,95	149,75	167,64	185,64
32	9,31	26,77	44,24	61,75	79,29	96,88	114,53	132,24	150,05	167,94	185,94
33	9,60	27,06	44,53	62,04	79,58	97,17	114,82	132,54	150,34	168,24	186,24
34	9,89	27,35	44,83	62,33	79,87	97,46	115,11	132,84	150,64	168,54	186,54
35	10,18	27,64	45,12	62,62	80,17	97,76	115,41	133,13	150,94	168,84	186,84
36	10,47	27,93	45,41	62,92	80,46	98,05	115,70	133,43	151,24	169,14	187,14
37	10,76	28,22	45,70	63,21	80,75	98,34	116,00	133,72	151,53	169,44	187,45
38	11,05	28,51	45,99	63,50	81,04	98,64	116,29	134,02	151,83	169,74	187,75
39	11,34	28,81	46,28	63,79	81,34	98,93	116,59	134,32	152,13	170,04	188,05
40	11,64	29,10	46,58	64,08	81,63	99,23	116,88	134,61	152,43	170,33	188,35
41	11,93	29,39	46,87	64,37	81,92	99,52	117,18	134,91	152,72	170,63	188,65
42	12,22	29,68	47,16	64,67	82,22	99,81	117,47	135,20	153,02	170,93	188,95
43	12,51	29,97	47,45	64,96	82,51	100,11	117,77	135,50	153,32	171,23	189,25
44	12,80	30,26	47,74	65,25	82,80	100.40	118,06	135,80	153,62	171,53	189,55
45	13,09	30,55	48,03	65,54	83,09	100,69	118,36	136,09	153,91	171,83	189,86
46	13,38	30,84	48,32	65,84	83,39	100,99	118,65	136,39	154,21	172,13	190,16
47	13,67	31,14	48,62	66,13	83,68	101,28	118,95	136,69	154,51	172,43	190,46
48	13,96	31,43	48,91	66,42	83,97	101,58	119,24	136,98	154,81	172,73	190,76
49	14,25	31,72	49,20	66,71	84,27	101,87	119,54	137,28	155,11	173,03	191,06
50	14,55	32,01	49,49	67,00	84,56	102,16	119,83	137,58	155,40	173,33	191,36
51	14,84	32,30	49,78	67,30	84,85	102,46	120,13	137,87	155,70	173,63	191,66
52	15,13	32,59	50,07	67,59	85,14	102,75	120,42	138,17	156,00	173,93	191,97
53	15,42	32,88	50,37	67,88	85,44	103,05	120,72	138,47	156,30	174,23	192,27
54	15,71	33,17	50,66	68,17	85,73	103,34	121,01	138,76	156,60	174,53	192,57
55	16,00	33,46	50,95	68,46	86,02	103,63	121,31	139,06	156,89	174,83	192,87
56	16,29	33,76	51,24	68,76	86,32	103,93	121,60	139,35	157,10	175,13	193,17
57	16,58	34,05	51,53	69,05	86,61	104,22	121,90	139,65	157,40	175,43	193,47
58	16,87	34,34	51,82	69,34	86,90	104,52	122,19	139,95	157,79	175,73	193,78
59	17,16	34,63	52,12	69,63	87,20	104,81	122,49	140,24	158,09	176,03	194,08
60	17,46	34,92	52,41	69,93	87,49	105,10	122,78	140,54	158,38	176,33	194,38

Modèle A.

SITUATION pour le tir à la cible du Avril. — Tir à 200 mètres.

NOMS.	GRADES.	1er coup.	2e coup.	3e coup.	4e coup.	5e coup.	6e coup.	Total des points.	NOMS.	GRADES.	1er coup.	2e coup.	3e coup.	4e coup.	5e coup.	6e coup.	Total des points.
Beccolet. . . .	Sergent.	0	1	3	0	2	2	8	*Report.* . .	»							127
Worcq.. . . .	Caporal.	2	5	0	1	1	2	11	Astruc.. . . .	Solt 2e cl.	0	0	1	0	3	1	5
Roquier. . . .	Solt 1re cl.	1	0	4	3	2	0	10	Amaury. . . .	id.	1	0	0	0	1	2	4
Dubreuil . . .	id.	2	2	1	1	3	2	11	Filias.	id.	2	0	0	0	0	0	2
Robert.	id.	0	1	1	2	2	3	9	Jacques. . . .	id.	4	4	5	2	3	0	18
. . . .	. . . .	. .	. .	. .	. .	. .	. .	. . .	. . . .	. . . .	. .	. .	. .	. .	. .	. .	. . .
							Totaux. . . .	127								Totaux. . .	198

Modèle B.

CONTROLE DE COMPAGNIE pour l'inscription des tirs individuels.

NOMS.	GRADES.	Tirs (1) comparatifs à 200m. 1er tir. 8 avril.	Tirs (1) comparatifs à 200m. dernr tir. 25 juin.	Tirs antérieurs à l'arrivée à la compie.	150m, 12 avr.	200m, 19 avril.	250m, 26 avril.	300m, 7 mai.	400m, 14 mai.	600m, 2[illegible] mai.	800m, 3[illegible] mai.	1000m, 1[illegible] juin.	1200m, 1[illegible] juin.	Totaux des points.	Classement.	Mutations et observations.
. . . .	. . . .	. .	. .	. .	. .	. .	. .	. .	. .	. .	. .	. .	. .	. . .	. .	
Beccolet. . . .	Sergent.	6	15	—	7	9	8	5	4	2	3	0	1	60	1re	Passé caporal à la 3e c. du 2e bat
. . . .	. . . .	. .	. .	. .	. .	. .	. .	. .	. .	. .	. .	. .	. .	. . .	. .	
Roquier. . . .	Soldat.	7	—	—	9	6	3	—	—	—	—	—	—	18	—	
. . . .	. . . .	. .	. .	. .	. .	. .	. .	. .	. .	. .	. .	. .	. .	. . .	. .	
Pierre.	Soldat.	—	12	58	—	—	—	—	5	0	3	1	0	79	1re	(200m) Venu du 7e de ligne, le 2 mai.
Totaux. . . .																
Nombre de balles tirées																
Pour cent.																

Récapitulation par distance (1).

Distances.	Balles tirées.	Points obten.	Pour 100.	
100				
150				
200				
250				
300				
400				
600				
800				
1000				
1200				

(1) Les tirs comparatifs doivent être compris dans la récapitulation par distance.

Modèle C.

Feux en tirailleurs, à volonté et à commandement.

ESPÈCES DE FEUX.	DISTANCES.	NOMBRES DE tireurs.	NOMBRES DE balles tirées.	NOMBRES DE balles mises.	Durée des feux.	Pour cent.	Vitesse du tir.	Effet utile calculé pour 100 hommes.	CIRCONSTANCES atmosphériques ET OBSERVATIONS.
Feux en tirailleurs (1re séance).									
id. (2e séance).									
Feu à volonté.									
Feux de peloton. à genou.. . .									
Feux de peloton. debout. . . .									
	Totaux . . .								

Modèle F.

Décomposition, par classes de tireurs, de l'effectif de la compagnie au 31 décembre.

GRADES.	1re classe.	2e classe.	3e classe.	4e classe.	Non classés.	Totaux.	Pour % de l'effectif.	OBSERVATIONS.
Sous-officiers.								
Caporaux.								
Sapeurs.								
Anciens soldats.								
Jeunes soldats.								
Ouvriers de la comp. h. rang.								
Clairons.								
Tambours.								
Musiciens.								
Totaux.								

REGISTRE DE TIR DU RÉGIMENT.

1er TABLEAU. — TIRS INDIVIDUELS.

	Numéro		Tirs comparatifs à 200m.						Tirs à 100m.			Tirs à 150m.			Tirs à 200m.			Tirs à 250m.			Tirs à 300m.			Tirs à 400m.		
			Premier tir			Dernier tir																				
	des bataillons.	des compagnies.	balles tirées.	points obtenus.	pour cent.	balles tirées.	points obtenus.	pour cent.	balles tirées.	points obtenus.	pour cent.	balles tirées.	points obtenus.	pour cent.	balles tirées.	points obtenus.	pour cent.	balles tirées.	points obtenus.	pour cent.	balles tirées.	points obtenus.	pour cent.	balles tirées.	points obtenus.	pour cent.
Anciens soldats	1er	1re																								
		2e																								
		3e																								
		4e																								
		5e																								
		6e																								
	2e	1re																								
		2e																								
		3e																								
		4e																								
		5e																								
		6e																								
	3e	1re																								
		2e																								
		3e																								
		4e																								
		5e																								
		6e																								
	4e	1re																								
		2e																								
		3e																								
		4e																								
		5e																								
		6e																								
	Comp. H R.																									
Totaux des anc. sold.																										
Jeunes soldats	1er	»																								
	2e	»																								
	3e	»																								
	4e	»																								
Totaux des jeunes sold.																										
Totaux généraux.																										

	Numéro		Tirs à 600m.			Tirs à 800m.			Tirs à 1000m.			Tirs à 1200m.			Totaux.		
	des bataillons.	des compagnies.	balles tirées.	points obtenus.	pour cent.	balles tirées.	points obtenus.	pour cent.	balles tirées.	points obtenus.	pour cent.	balles tirées.	points obtenus.	pour cent.	balles tirées.	points obtenus.	pour cent.
Anciens soldats	1er	1re															
		2e															
		3e															
		4e															
		5e															
		6e															
	2e	1re															
		2e															
		3e															
		4e															
		5e															
		6e															
	3e	1re															
		2e															
		3e															
		4e															
		5e															
		6e															
	4e	1re															
		2e															
		3e															
		4e															
		5e															
		6e															
	Comp. H R.																
Totaux des anc. sold.																	
Jeunes soldats	1er	»															
	2e	»															
	3e	»															
	4e	»															
Totaux des jeunes sold.																	
Totaux généraux.																	

Résultats moyens exprimés en pour cent.				
Distances.	Anciens soldats.	Jeunes soldats.	Ensemble.	
Tirs comparatifs — 1er tir.				
Tirs comparatifs — 2e tir.				
100				
150				
200				
250				
300				
400				
600				
800				
1000				
1200				

Modèle H.

REGISTRE DE TIR DU RÉGIMENT.

3e *TABLEAU.* — FEUX D'ENSEMBLE, A VOLONTÉ ET A COMMANDEMENT.

Bataillons.		Compagnies.	Feux à volonté. Distances.	Feux à volonté. Nombre de tireurs.	Feux à volonté. Nombre de balles tirées.	Feux à volonté. Nombre de balles mises.	Feux à volonté. Durée du feu.	Feux à volonté. Pour cent.	Feux à volonté. Vitesse du tir.	Feux à volonté. Effet utile.	Feux de peloton à genou. Distances.	Feux de peloton à genou. Nombre de tireurs.	Feux de peloton à genou. Nombre de balles tirées.	Feux de peloton à genou. Nombre de balles mises.	Feux de peloton à genou. Durée du feu.	Feux de peloton à genou. Pour cent.	Feux de peloton à genou. Vitesse du tir.	Feux de peloton à genou. Effet utile.	Feux de peloton debout. Distances.	Feux de peloton debout. Nombre de tireurs.	Feux de peloton debout. Nombre de balles tirées.	Feux de peloton debout. Nombre de balles mises.	Feux de peloton debout. Durée du feu.	Feux de peloton debout. Pour cent.	Feux de peloton debout. Vitesse du tir.	Feux de peloton debout. Effet utile.	Totaux.
Anciens soldats.	1er	1re																									
		2e																									
		3e																									
		4e																									
		5e																									
		6e																									
	2e	1re																									
		2e																									
		3e																									
		4e																									
		5e																									
		6e																									
	3e	1re																									
		2e																									
		3e																									
		4e																									
		5e																									
		6e																									
	4e	1re																									
		2e																									
		3e																									
		4e																									
		5e																									
		6e																									
Jeunes soldats.	1er	»																									
	2e	»																									
	3e	»																									
	4e	»																									
Totaux...					t	m							t'	m'							t''	m''					T M

Résultats moyens.

Genres de feux.		Distances.	Jeunes soldats. Pour cent moyen.	Jeunes soldats. Vitesse moyenne.	Jeunes soldats. Effet utile moyen.	Anciens soldats. Pour cent moyen.	Anciens soldats. Vitesse moyenne.	Anciens soldats. Effet utile moyen.
Feux à volonté.		à 200m						
		 300						
		 400						
Feux à commandement.	à distances connues.	à 200m						
		 300						
		 400						
		 500						
		 600						
	à distances inconnues	de 600 à 700m						
		de 700 à 800						
		de 800 à 900						

RÉCAPITULATION DES MUNITIONS CONSOMMÉES.

	Balles tirées.
Tirs de MM. les officiers	
Tirs individuels (1er tableau).	
Feux en tirailleurs (2e tableau)	
Feux d'ensemble (3e tableau)	
Tirs d'essai	
Cartouches avariées	
TOTAL GÉNÉRAL.	

www.ingramcontent.com/pod-product-compliance
Ingram Content Group UK Ltd.
Pitfield, Milton Keynes, MK11 3LW, UK
UKHW020404230726
13925UKWH00003B/1256